ANALYS

DU

TRAITÉ

DE

MÉCANIQUE CÉLESTE

DE P. S. LAPLACE;

PAR J. B. BIOT.

A PARIS,

Chez DUPRAT, libraire pour les Mathématiques;

AN IX.

TRAITÉ

DE

MÉCANIQUE CÉLESTE;

Par P. S. LA PLACE,

Membre de l'Institut national et du bureau des longitudes.

Neuton en publiant son livre des *Principes*, et l'immortelle découverte de la pesanteur universelle, donna aux sciences physiques et mathématiques une nouvelle direction. Il montra le premier que, pour découvrir la vérité dans l'étude de la nature, il falloit non pas imaginer des causes précaires pour en déduire des résultats hypothétiques, mais remonter, par une suite d'inductions bien ménagées, des phénomènes observés, aux lois qui les produisent; et, sous ce point de vue, on peut regarder ce grand homme comme ayant préparé toutes les découvertes de ses successeurs. Neuton présenta sous la forme synthétique, les résultats auxquels il étoit arrivé probablement par une route différente, et en cela il se livra peut-être trop à la prédilection qu'il avoit pour la méthode des Anciens; peut-être aussi cédat-il au desir de cacher la marche qu'il avoit suivie. Les géomètres de nos jours, sans abandonner entiè- rement les constructions toujours satisfaisantes pour l'esprit, ont senti que le secours de l'analyse étoit nécessaire pour donner au principe de la pesanteur universelle tous les développemens dont il est sus- ceptible; et c'est à cette heureuse idée et aux pro- grès du calcul intégral que la théorie du système du monde doit la perfection à laquelle elle est par- venue aujourd'hui; perfection telle, qu'il n'existe actuellement aucun phénomène astronomique dont on n'ait assigné la cause et les lois. Mais ces belles découvertes, résultats des travaux d'un petit nombre d'hommes, étoient trop isolées entre elles, la chaîne qui les unit étoit trop difficile à saisir, pour qu'elles fussent à la portée du grand nombre. Il étoit donc important qu'on les trouvât rassemblées dans un ou- vrage de la même nature , mais plus complet et d'une autre forme que celui de Neuton. Cette tâche exigeoit des connoissances également profondes en astronomie et en analyse, et, surtout, cet esprit phi- losophique qui discute avec soin les phénomènes, les compare entre eux, et pénètre ainsi, en écartant les illusions de l'imagination et des sens, jusqu'aux véritables lois de la nature. Sous tous ces rapports, elle convenoit parfaitement au C. Laplace, qui, dès les premiers pas de sa carrière, a dirigé ses recher- ches vers la physique céleste, et qui, depuis, a pris une part active à tous les progrès de cette science, en publiant, sur tous les points du système du monde, une foule de mémoires remplis de découvertes importantes. C'est principalement de ces mémoires que le C. Laplace a tiré les matériaux de ce grand ouvrage; et, s'il les a liés entre eux par un accord admirable, c'est qu'ils lui sont tous devenus propres, soit parce qu'il les avoit le premier découverts, soit pour la forme nouvelle qu'il leur a donnée.

L'astronomie, considérée sous le point de vue le plus général, est un grand problème de mécanique, dont les élémens sont fournis par les observations. Ce problème est très-susceptible d'être soumis au calcul, parce que les distances immenses qui séparent les corps célestes, atténuant les causes secondaires qui pourroient agir sur eux, pour ne laisser paroître que les forces principales qui les animent, donnent à leurs mouvemens une rigueur et une précision véritablement mathématiques. Développer les relations qui existent entre les mouvemens et les forces qui les produisent, en déduire la nature de la force qui doit animer les corps célestes pour que leurs mouvemens soient tels que l'observation les présente, s'élever ainsi au principe de la pesanteur universelle, et redescendre de ce principe à l'explication de tous les phénomènes célestes jusque dans leurs moindres détails, tel est l'objet de la *Mécanique céleste*, tel est le but de l'ouvrage du C. La Place.

LIVRE PREMIER.

Après avoir exposé d'abord les principes de la composition et de la décomposition des forces, l'auteur établit les conditions de l'équilibre pour un point sollicité, par un nombre quelconque de forces agissantes dans

des directions quelconques; conditions qui le réduisent à ce que la somme des produits de chaque force
par l'élément de sa direction soit nulle. Il apprend
à déterminer, lorsque le point n'est pas libre, la pression qu'il exerce sur la surface ou sur la courbe à
laquelle il est assujetti. Considérant ensuite le point
dans l'état de mouvement, il cherche la relation
qui existe entre les forces qui l'animent, et les vitesses qui doivent en résulter; et, par une analyse
très-délicate, et des considérations tirées de l'ex-
périence, il démontre que, dans la nature, cette relation de la force à la vitesse est la proportionnalité.
Après avoir développé les conséquences immédiates
de cette loi, l'auteur donne l'équation du mouvement
d'un point animé par des forces quelconques, et détermine les pressions exercées par ce point sur la surface ou sur la courbe à laquelle il peut être assujetti.
Il fait ensuite l'application de ces principes au mouvement des corps animés par la pesanteur dans un
milieu résistant, et à celui d'un point pesant sur une
surface sphérique. L'isochronisme des oscillations
très-petites de ce mobile, amène le problème des tau-
tochrones, que l'auteur résout dans le cas où la résis-
tance du milieu est proportionnelle aux deux premières puissances de la vitesse; il s'occupe ensuite
des conditions de l'équilibre d'un système quelconque de corps considérés comme des points; il écrit
pour chacun d'eux l'équation de l'équilibre, et, réunissant ces résultats, il en tire le principe des vitesses
virtuelles, qui se trouve ainsi démontré d'une manière
directe et générale. Après avoir montré comment on

en déduit les actions réciproques des corps du système, et les pressions qu'ils exercent sur les obstacles extérieurs, il en fait l'application au cas où tous les points du système sont invariablement unis ensemble, ce qui conduit à traiter du centre de gravité. L'auteur considère ensuite les conditions de l'équilibre des fluides; la propriété qui les caractérise étant une mobilité parfaite, il faut, pour qu'une masse fluide soit en équilibre, que chacune des molécules qui la composent, soit en équilibre en vertu des forces qui l'animent. L'auteur, partant de ce principe, détermine la relation qui doit exister entre les forces qui sollicitent le système, pour que cette condition soit remplie, et il en fait l'application à l'équilibre d'une masse fluide homogène recouvrant un noyau solide, fixe, et de figure quelconque; il donne ensuite l'équation générale du mouvement d'un système quelconque de corps, qu'il déduit de celle de l'équilibre, et il en tire les principes de la conservation des forces vives, des aires, du mouvement du centre de gravité, et de la moindre action : il fixe les circonstances dans lesquelles ces principes ont lieu, et donne le moyen d'évaluer l'altération que celui des forces vives éprouve dans les changemens brusques du mouvement du système. En traitant du principe des aires, il fait voir que, dans le mouvement d'un système de corps animés seulement par leur attraction mutuelle, et par des forces dirigées vers l'origine des coordonnées, il existe un plan passant par cette origine, et qui jouit de ces propriétés remarquables; 1.° que la somme des aires tracées sur ce plan par les projections des rayons vecteurs des corps, et multipliées respectivement par leurs masses, y est la plus grande possible; 2.° que cette même somme est nulle sur tous les plans qui lui sont perpendiculaires. Les principes de ses forces vives et des aires ayant encore lieu par rapport au centre de gravité, même en lui supposant un mouvement uniforme et rectiligne, il en résulte que l'on peut déterminer un plan passant par cette origine mobile, et sur lequel la somme des aires décrites par les projections des rayons vecteurs des corps, et multipliées respectivement par leurs masses, soit la plus grande possible. L'auteur fait voir que ce plan est parallèle à celui qui passe par l'origine fixe, et satisfait aux mêmes conditions; d'où il déduit que le plan passant par le centre de gravité, et déterminé d'après les conditions précédentes, reste toujours parallèle à lui-même dans le mouvement du système, avantage unique et qui le rend de la plus grande utilité: une autre circonstance remarquable, c'est que tout plan parallèle à celui-là, et passant par un quelconque des corps du système, jouira de propriétés analogues. Après avoir obtenu ces beaux résultats, l'auteur examine les lois du mouvement qui auroient lieu dans toutes les relations mathématiquement possibles, entre la vitesse et la force; il fait voir qu'il existe, dans ce cas général, des principes analogues à ceux de la conservation des forces vives des aires, du mouvement du centre de gravité, et de la moindre action dans le cas de la nature: il tire de ces résultats les conditions qui distinguent essentiellement l'état du mouvement de celui de l'équilibre ; ces rapprochemens très-remarquables sont entièrement nouveaux. Les lois des mouvemens de translation et de rotation des corps solides , sont ensuite développés avec la plus grande étendue : l'auteur y démontre les propriétés des axes principaux, et leur usage dans la détermination des momens d'inertie ; il cherche le lieu des points qui restent immobiles pendant le mouvement instantané du corps, et il est conduit d'une manière fort simple à voir que ces points sont situés sur une ligne droite, d'où il déduit que tout mouvement de rotation, quel qu'il soit, n'est autre chose qu'un mouvement de rotation autour d'une ligne droite fixe pendant un instant, et variable d'un instant à l'autre, propriété qui l'a fait nommer *axe instantané de rotation*. L'auteur fait l'application de ces principes au cas où le mouvement du corps est dû à une impulsion primitive qui ne passe pas par son centre de gravité ; il montre comment on peut déterminer la distance du centre de gravité à cette impulsion, lorsque les circonstances du mouvement du corps sont connues, et il en donne un exemple tiré du mouvement de la terre.

Il considère ensuite les oscillations d'un corps qui tourne à fort peu près autour d'un de ses axes principaux ; il démontre que ce mouvement est stable autour des deux axes principaux, dont les momens d'inertie sont le plus grand et le plus petit, et qu'il ne l'est point autour du troisième axe principal, ensorte que ce dernier mouvement peut être sensi-

blement troublé par la cause la plus légère : il intègre ensuite les équations qui déterminent le mouvement de rotation dans l'hypothèse des oscillations
très-petites ; enfin il examine le mouvement d'un
corps assujetti à tourner autour d'un axe fixe, et,
supposant ce corps animé par la seule pesanteur,
il détermine la longueur du pendule simple qui feroit ses oscillations dans le même temps. L'auteur
s'occupe ensuite du mouvement des fluides ; il établit les conditions nécessaires pour que ce mouvement ait lieu, et qu'en même temps la continuité
du fluide soit toujours satisfaite : il discute certains
cas dans lesquels ces équations sont intégrables, tel
est celui où la densité étant une fonction quelconque de la pression, la somme des vitesses parallèles
aux trois axes rectangulaires, multipliées chacune
par l'élément de leur direction, forme une variation
exacte, condition qui sera remplie à tous les instans
si elle l'est dans un seul ; ce cas a lieu lorsque les
mouvemens du fluide sont très-petits, et l'auteur en
tire les équations qui renferment la théorie des ondulations très-petites des fluides homogènes. Considérant ensuite une masse fluide homogène, douée
d'un mouvement de rotation uniforme autour d'un
des axes rectangulaires, il fait voir que cette hypothèse vérifie les équations du mouvement et de
la continuité des fluides, d'où il conclut qu'un pareil mouvement est possible ; ce cas est un de ceux
dans lesquels la somme des vitesses multipliées respectivement par les élémens de leur direction, n'est
point une variation exacte, d'où il suit que le mou-

rement peut avoir lieu sans que cette condition soit remplie.

L'auteur détermine ensuite les oscillations d'une masse fluide homogène, recouvrant un sphéroïde doué d'un mouvement uniforme de rotation autour d'un des axes rectangulaires, en supposant cette masse fluide dérangée de l'état d'équilibre par l'action de forces très-petites : appliquant ces considérations à la mer, en regardant sa profondeur comme très-petite, relativement au rayon terrestre ; il en déduit les conditions de son mouvement , et , les comparant à celles de son équilibre , il fait voir que chaque point du sphéroïde recouvert par la mer , est plus pressé dans l'état de mouvement que dans celui d'équilibre, du poids de la petite colonne d'eau comprise entre la surface de la mer et la surface de niveau ; cet excès de pression devenant négatif dans les points où la surface de la mer s'abaisse au dessous du niveau. Il résulte encore de la même analyse, qu'en supposant que les vitesses initiales et leurs différences premières divisées par l'élément du temps, aient été les mêmes pour les molécules situées sur le même rayon terrestre, ces molécules resteront sur le même rayon durant les oscillations du fluide. L'auteur traite de la même manière les mouvemens de l'atmosphère, en n'ayant égard qu'aux causes régulières qui l'agitent ; il la considère d'abord dans l'état d'équilibre, et, comparant les conditions résultantes de cette supposition avec celles que nécessite l'équilibre des mers , il en déduit que, dans l'état d'équilibre, la couche d'air contigue à la mer est

partout d'égale densité, et que les couches atmos-
phériques d'égale densité, sont partout également
élevées au dessus du niveau de la mer, à une petite quantité près, qui, dans le calcul exact de la
hauteur des montagnes, par les observations du baromètre, ne doit pas être négligée.

L'auteur examine ensuite s'il est possible que les
molécules d'air situées originairement sur le même
rayon terrestre, restent encore sur ce même rayon
pendant le mouvement, ce qui a lieu dans les oscillations de la mer; il fait voir que cette supposition satisfait aux conditions du mouvement et de
la continuité du fluide atmosphérique; dans ce cas,
les oscillations des diverses couches de niveau sont
les mêmes. Ces variations de l'atmosphère produisent
des oscillations analogues dans les hauteurs du baromètre; l'auteur les détermine, et fait voir qu'elles
sont semblables à toutes les élévations au dessus de
la mer, et proportionnelles aux hauteurs du mercure
dans le baromètre, dans l'état d'équilibre à ces élévations.

LIVRE SECOND.

Après avoir développé les lois du mouvement des
corps, lorsqu'ils sont animés par des forces connues,
l'auteur se propose de découvrir quelle doit être la
cause générale des mouvemens célestes pour qu'ils
soient tels que l'observation les présente. Partant
donc de la considération du mouvement elliptique
des planètes et des lois découvertes par Képler, il
en conclut que la force qui sollicite les planètes et

les comètes, est dirigée vers le centre du soleil, qu'elle est réciproque au carré des distances, et qu'elle ne varie d'un corps à l'autre qu'à raison de ces distances. Le mouvement des satellites autour de leurs planètes, présentant à peu près les mêmes phénomènes que celui des planètes autour du soleil, les satellites sont sollicités vers les planètes et vers le soleil, par des forces réciproques au carré des distances. Cette loi s'étend aux satellites dont l'orbe n'a pas encore été reconnue pour elliptique, et elle résulte de ce que, pour chaque système de satellites, les carrés des temps de leurs révolutions sont comme les cubes de leurs moyennes distances au centre de la planète : la terre n'ayant qu'un seul satellite, on ne peut lui appliquer cette considération ; mais l'auteur fait voir que si l'on détermine la parallaxe lunaire d'après les expériences terrestres sur la pesanteur, et dans l'hypothèse de la gravitation réciproque au carré de la distance, le résultat obtenu par cette voie est parfaitement conforme aux observations, d'où il résulte que la force attractive de la terre est la même que celle de tous les corps célestes. Ces résultats donnent lieu à plusieurs réflexions importantes, desquelles l'auteur tire cette conséquence générale que les molécules de la matière s'attirent en raison directe des masses, et inverse du carré des distances.

Conformément à cette théorie, l'auteur établit les équations différentielles qui déterminent le mouvement d'un système de corps soumis à leur attraction mutuelle, et développe le petit-nombre d'intégrales

rigoureuses auxquelles on a pu parvenir; l'observation ne faisant connoître que des mouvemens relatifs,
il donne les formules du mouvement d'un système
de corps soumis aux lois de la gravitation autour
d'un corps considéré comme le centre de leurs mouvemens, et développe les intégrales rigoureuses que
l'on sait en déduire. Pour aller plus loin, il faut re-
courir aux méthodes d'approximation, et profiter des
facilités qu'offre pour cet objet la constitution du
système du monde; l'auteur fait voir que, d'après
cette constitution, les satellites des planètes se meuvent à peu près comme s'ils n'obéissoient qu'à l'action de la planète, et le mouvement du centre de
gravité d'une planète et de ses satellites est à fort
peu près le même que si ces corps étoient réunis
à son centre. Il passe ensuite à la recherche des
propriétés attractives des sphéroïdes, et il établit à
cet égard quelques propositions générales, desquelles
il résulte qu'un point placé dans l'intérieur d'une
couche sphérique, est également attiré de toutes
parts, et qu'un point extérieur à la couche est attiré par elle, comme si sa masse étoit réunie toute
entière à son centre; propriétés qui ont également
lieu pour les globes formés de couches concentriques,
de densité variable du centre à la circonférence;
l'auteur cherche quelles sont les lois d'attraction
dans lesquelles ces effets subsistent, et il prouve
que, parmi le nombre infini de lois qui rendent l'attraction très-petite à de grandes distances, celle de
la nature est la seule dans laquelle une couche sphérique attire un point extérieur, comme si elle étoit

réunie toute entière à son centre ; il prouve aussi
que cette loi est la seule dans laquelle l'action de
là couche sur un point placé dans son intérieur,
est nulle : il fait encore une seconde application
des mêmes formules, au cas où le corps attirant est
un cylindre dont la base est une courbe rentrante,
et dont la longueur est infinie ; il démontre que lorsque cette courbe est un cercle, l'action du cylindre
sur un point qui lui est extérieur, est réciproque à
la distance de son axe à ce point, et que si le point
attiré est situé dans l'intérieur d'une couche cylin-
drique circulaire d'une épaisseur constante, il est
également attiré de toutes parts. Les formules du
mouvement d'un corps donnent lieu à des équations
de condition très-remarquables ; l'auteur les développe et indique leur usage pour vérifier les calculs
de la théorie, et la théorie même de la pesanteur
universelle, après quoi il présente les diverses transformations qu'il peut être le plus souvent utile de
faire subir aux équations différentielles du mouvement d'un système quelconque de corps animés par
leur attraction mutuelle. Les corps qui composent
le système solaire se mouvant à peu près comme s'ils
n'obéissoient qu'à la force principale qui les anime,
et les forces perturbatrices étant peu considérables,
l'auteur donne d'abord comme première approximation, la détermination rigoureuse du mouvement de
deux corps qui s'attirent en raison directe des masses
et inverse du carré des distances ; il expose succes-
sivement trois méthodes différentes pour l'intégration des équations différentielles relatives à cette hy-

pothèse ; la seconde de ces méthodes est fondée sur
un beau théorème relatif à l'intégration des équations
différentielles du premier degré et d'un ordre quelconque; la troisième qui fait dépendre les intégrales
cherchées d'une seule équation aux différences partielles, a l'avantage de donner les arbitraires en
fonction des coordonnées et de leurs premières différences, ce qui est fréquemment utile ; l'auteur en
déduit les relations qui ont lieu entre ces arbitraires
et les élémens qui déterminent la nature de la section conique et sa position dans l'espace ; enfin il intègre l'équation différentielle qui donne le temps
en fonction du rayon secteur, et le mouvement de
deux corps se trouve ainsi déterminé par trois équations entre l'anomalie escentrique, l'anomalie vraie,
l'anomalie moyenne et le rayon recteur de l'orbite ;
ces équations étant de nature à ne pouvoir être ré-
solues que par approximation, l'auteur développe
quelques théorèmes généraux sur la réduction des
fonctions en série, et, appliquant ces résultats au
mouvement elliptique des planètes, il en déduit les
valeurs de l'anomalie escentrique, de l'anomalie
vraie, et du rayon recteur en séries convergentes de
sinus et cosinus de l'anomalie moyenne ; en rapportant le mouvement de la planète à un plan fixe peu
incliné à celui de l'orbite, ces séries fournissent le
moyen de déterminer par approximation la latitude
et la longitude de la planète par rapport au plan
fixe, ainsi que la projection du rayon de l'orbite sur
le même plan. L'auteur développe la théorie du mouvement dans une ellipse fort escentrique, et il en

déduit la théorie du mouvement parabolique appli-
quable aux comètes; il considère ensuite le mouvement hyperbolique, et, parvenant à la loi de Képler, suivant laquelle les carrés des révolutions de
différentes planètes sont entre eux comme les cubes
des grands axes de leurs orbites, il fait voir que
cette loi n'est pas rigoureuse, et qu'elle n'a lieu
qu'autant qu'on néglige l'action des planètes les unes
sur les autres et sur le soleil, et qu'on regarde leurs
masses comme infiniment petites par rapport à celle
de cet astre. Il fait voir l'usage de ces résultats pour
déterminer les rapports des masses des planètes qui
ont des satellites, à la masse du soleil.

Après avoir exposé la théorie du mouvement elliptique, et la manière de le calculer par des suites conver-
gantes dans les deux cas de la nature, celui des orbes
presque circulaires, et celui des orbes fort allon-
gés, l'auteur, s'occupe de la détermination des élémens de ces orbites; il montre d'abord comment on
pourroit les déduire des circonstances du mouvement
primitif, si ces circonstances étoient connues, et il
est remarquable que la direction de ce mouvement
n'influe pas sur l'espèce de la section conique. Ces
recherches donnent lieu de découvrir la relation qui
existe entre le grand axe de l'orbite, la corde de
l'arc elliptique, la somme des rayons vecteurs extrêmes, et le temps employé à décrire cet arc.

Les observations ne faisant pas connoître les circonstances du mouvement primitif des corps célestes,
on ne peut pas déterminer d'après cette supposition
les élémens de leurs orbites; il est nécessaire, pour

cet objet, de comparer entre elles leurs positions respectives observées à des époques différentes, c'est ce que l'on peut faire en tous temps pour les planètes que l'on peut observer sans cesse, mais il n'en est pas ainsi des comètes qui ne sont visibles pour nous que dans la partie de leur orbe qui est la plus voisine du soleil : il est donc important de pouvoir déterminer les élémens de l'orbite d'une comète d'après les circonstances de son apparition. Pour y parvenir, l'auteur donne d'abord des formules convergentes qui font connoître pour un instant donné, et d'après un nombre quelconque d'observations voisines, la longitude et la latitude géocentriques de la comète, ainsi que leurs premières et secondes différences divisées par les puissances correspondantes de l'élement du temps ; il fait voir qu'en supposant ces quantités connues pour un instant donné dans un système de corps soumis à leur attraction mutuelle, on peut aisément, et sans le secours de l'intégration, en déduire les élémens des orbites. Après avoir développé ces méthodes avec toute l'étendue nécessaire, et leur avoir donné toute la perfection dont elles sont susceptibles, en ayant égard d'une manière très-simple à l'excentricité de l'orbe terrestre, l'auteur les applique au cas de la nature dans lequel les orbites des comètes sont des ellipses très-allongées qui se confondent sensiblement avec la parabole vers le périhélie, ce qui permet de regarder leurs grands axes comme infinis ; cette circonstance, qui fait connoître à *priori* un des élémens de l'orbite, introduisant une nouvelle équation, il en résulte que la détermination des orbes paraboliques des comètes conduit à plus d'équations que d'inconnues, ce qui donne lieu à diverses méthodes pour les calculer. Après avoir discuté quelle est celle dont on doit attendre le plus de précision, l'auteur l'expose dans le plus grand détail, et la divise en deux parties; dans la première, il détermine à peu près la distance périhélie de la comète, et l'instant de son passage au périhélie; dans la seconde, il donne le moyen de corriger ces deux élémens d'après trois observations éloignées entre elles, et il en déduit tous les autres. Il existe un cas particulier dans lequel l'orbite de la comète peut être déterminée d'une manière rigoureuse, c'est celui où la comète a été observée dans ses deux nœuds; après l'avoir examiné, l'auteur donne les corrections à faire aux élémens calculés dans la parabole pour avoir les élémens correspondans dans l'ellipse; ces recherches, appliquées aux comètes, fournissent le moyen de déterminer à peu près la durée de leurs révolutions, lorsqu'on a un grand nombre d'observations très-précises, avant et après le passage au périhélie. La méthode que nous venons d'exposer, a le double avantage de corriger par le nombre des observations, l'influence de leurs erreurs, et de donner les élémens par une analyse rigoureuse, en ne faisant tomber les approximations que sur les données de l'observation.

L'auteur s'occupe ensuite de la détermination des mouvemens des corps célestes, par des approximations successives. Dans la théorie de ces mouvemens, l'action des forces perturbatrices ne fait qu'ajouter de petits termes aux équations différentielles du mouvement elliptique; l'auteur examine en conséquence quels sont les changemens qu'il faut faire subir aux intégrales des équations différentielles, pour avoir celles des mêmes équations augmentées de certains termes. L'analyse dont il fait usage, donne ces intégrales d'une manière simple et rigoureuse, lorsque les équations proposées sont linéaires, et fournit en général un moyen de les obtenir par approximation; on peut parvenir au même but par la méthode des substitutions successives. L'auteur expose ce procédé; il a l'inconvénient d'introduire des arcs de cercle, hors des signes périodiques dans l'intégrale approchée, lors même qu'il ne doit pas s'en trouver dans l'intégrale rigoureuse, et cette circonstance a lieu lorsque cette dernière doit contenir, sous les signes périodiques, le coëfficient très-petit, suivant les puissances duquel l'intégrale approchée est ordonnée; ces arcs de cercle étant susceptibles de croître indéfiniment, rendroient à la longue, fautives, les intégrales approchées, et comme il importe que ces intégrales puissent embrasser les siècles passés et à venir, il est nécessaire de repasser de ces arcs de cercle aux fonctions qui les produisent par leur développement en série. L'auteur donne, pour y parvenir, une méthode applicable à un nombre quelconque d'équations différentielles; il fait voir ensuite que les intégrales des équations différentielles conservent la même forme, lorsque ces équations sont augmentées de certains termes, et il en déduit le moyen d'obtenir entre les constantes arbitraires, les conditions relatives à cette dernière supposition ; il fait voir ensuite l'utilité de la variation des constantes arbitraires, pour faciliter dans certains cas l'intégration approchée des équations.

L'auteur applique les méthodes précédentes aux perturbations des mouvemens célestes ; il obtient d'abord sous une forme finie les perturbations du mouvement en longitude, en latitude, et celles du rayon vecteur de l'orbite ; il s'occupe ensuite du problème important qui a pour objet le développement des perturbations en séries convergentes de sinus et cosinus d'angles croissans proportionnellement au temps. Pour y parvenir, il donne d'abord une méthode très-simple par laquelle on obtient sur le champ les équations différentielles qui déterminent les perturbations ordonnées par rapport aux puissances et aux produits des excentricités et des inclinaisons des orbites. Cette méthode consiste à supposer le rayon vecteur de l'orbite troublée, exprimé par une fonction de même forme que celui de l'orbite elliptique ; la quantité qui entre dans cette fonction se trouve alors donnée comme dans le mouvement elliptique, par une équation différentielle linéaire du second ordre à coëfficiens constans augmentée d'un dernier terme dépendant de l'action des forces perturbatrices ; circonstances qui permettent d'appliquer à cette équation les méthodes d'intégration précédemment exposées : dans ceci, on n'a égard qu'à la première puissance de la force perturbatrice. Il est nécessaire, pour ce qui précède, de développer une certaine fonction des masses et des distances mutuelles des

corps du système, en une série convergente de sinus et cosinus d'angles croissans proportionnellement
au temps. L'auteur donne le moyen d'y parvenir,
et il emploie dans ce calcul, d'une manière très-
élégante, la caractéristique des intégrales des différences finies ; ce qui lui permet d'exprimer avec
beaucoup de simplicité, le développement cherché,
et le produit de ce développement par le sinus ou le
cosinus d'un angle quelconque. D'après ce qui précède, il détermine les perturbations du mouvement
en longitude, en latitude, et celles du rayon vecteur de l'orbite, en portant la précision jusqu'aux
quantités de l'ordre des excentricités et des inclinaisons des orbites, et démontre la convergence de
ces résultats ; quel que soit le rapport des distances
des planètes que l'on considère au soleil, circonstance d'autant plus importante à observer, que, sans
elle, il eut été impossible d'exprimer analytiquement
les perturbations réciproques des planètes pour lés-
quelles les rapports de ces distances approchent de
l'unité ; il rassemble ensuite ces résultats qui renferment toute la théorie des planètes, lorsqu'on néglige les carrés et les produits des excentricités et
des inclinaisons des orbites, ce qui est le plus souvent permis. Après avoir montré comment on pourroit, s'il en étoit besoin, obtenir une approximation
plus grande, il donne le moyen d'évaluer le degré
de précision des différens termes dont ces formules
sont composées, et il fait voir qu'on peut aisément
les étendre au cas où le nombre des masses perlur-
batrices est quelconque.

Les formules qui donnent le mouvement troublé, renfermant, dans quelques-uns de leurs termes, le temps hors des signes périodiques, l'auteur emploie, pour faire disparoître ces termes, la méthode dont nous avons parlé plus haut. Ce procédé conduit à des équations différentielles entre les constantes arbitraires du problème, qui sont ici les élémens du mouvement elliptique; on obtient par ce moyen, les variations que ces élémens éprouvent en vertu de l'action des masses perturbatrices, du moins tant qu'on néglige les secondes puissances de ces masses, et celles des excentricités et des inclinaisons des orbites. La première propriété que cette analyse fait découvrir, c'est que les grands axes des orbites, et les mouvemens moyens, sont inaltérables; mais l'expression de la longitude d'où l'on tire ce résultat, n'étant qu'approchée, il importe d'examiner la nature des termes qui pourroient y être introduits par les approximations successives, car, s'il s'en trouvoit qui fussent proportionnels au carré du temps, la propriété précédente cesseroit d'avoir lieu, et les grands axes et les moyens mouvemens pourroient être indéfiniment altérés. L'auteur fait voir que si l'on n'a égard qu'à la première puissance des masses perturbatrices, quelque loin qu'on pousse d'ailleurs l'approximation par rapport aux excentricités et aux inclinaisons, l'expression de la longitude ne renfermera point de termes semblables, du moins tant que les moyens mouvemens des corps du système sont incommensurables entre eux, ce qui est le cas du système solaire; d'où il résulte qu'en se bornant à la première puissance des masses perturbatrices, les grands axes des orbites sont constans, et les moyens mouvemens sont uniformes. L'auteur intégre ensuite les équations différentielles qui déterminent les variations des autres élémens elliptiques; il discute leur étendue, et fait voir que le systéme solaire ne fait qu'osciller autour d'un état moyen d'ellipticité et d'inclinaison dont il s'écarte peu, d'où il suit que jamais les orbites des planètes et des satellites n'ont été et ne seront considérablement excentriques ni inclinées les unes aux autres, du moins si l'on n'a égard qu'à l'action mutuelle de ces corps. Les variations déterminées par l'analyse précédente s'exécutant avec une grande lenteur, ont été nommées séculaires, et l'on peut, pendant un grand intervalle, les supposer proportionnelles au temps; l'auteur donne le moyen de les obtenir sous cette forme qui est utile pour les usages astronomiques. Ces recherches font connoître, entre les élémens des orbites, des relations qui ne sont qu'approchées; l'auteur développe celles qui ont lieu en général, quelles que soient les excentricités et les inclinaisons; il donne ensuite les formules nécessaires pour déterminer, par rapport au systéme solaire, la position du plan invariable sur lequel la somme des aires décrites par les projections des rayons vecteurs des corps du systéme, multipliées respectivement par les masses de ces corps, est un maximum. La recherche de ce plan devient fort importante, vu les mouvemens propres des étoiles et de l'écliptique, mais elle exige que l'on connoisse les masses des comètes, et les élémens

de leurs orbites ; heureusement , ces masses paroissant être fort petites , on peut , sans erreur sensible ,
négliger leur action sur les planètes : considérant
ensuite le mouvement de deux orbites inclinées l'une
à l'autre, d'un ahgle quelconque, l'auteur fait voir
qu'indépendamment de toute cause étrangère, les
deux orbites couperont toujours le plan invariable
relatif à leur système dans la même ligne droite,
le nœud ascendant de l'une, coincidant avec le nœud
descendant de l'autre ; et il donne , dans la supposition des inclinaisons fort petites, l'expression du
mouvement de cette intersection.

La méthode précédente ne donnant que les inégalités indépendantes de la configuration mutuelle des
corps du système, l'auteur reprend ce problème par
un procédé différent ; il déduit de considérations
analytiques exposées plus haut, que le mouvement
troublé des corps célestes peut être ramené aux lois
du mouvement elliptique, en supposant les élémens
de ce mouvement, variables ; il montre que ces
résultats peuvent aussi se tirer immédiatement de
la considération du mouvement elliptique, en regardant la planète troublée comme oscillant dans
un très-petit orbe autour d'une planète fictive mue,
suivant les lois du mouvement elliptique, sur une
ellipse dont les élémens varient par des nuances insensibles ; de là , se déduisent avec facilité les équations différentielles qui déterminent ces variations.
En appliquant ces résultats au cas des orbites peu
excentriques et peu inclinées les unes aux autres , et
négligeant les secondes puissances des masses perturbatrices , on voit d'abord que les grands axes et

les moyens mouvemens ne sont assujettis qu'à des variations périodiques dépendantes de la configuration mutuelle des corps du système, et par là même peu étendues; d'où il suit qu'en négligeant ces quantités, les grands axes des orbites sont constans, et les moyens mouvemens sont uniformes; résultat trouvé précédemment par une méthode différente. Cette propriété n'a lieu qu'autant que les moyens mouvemens des corps du système sont incommensurables entre eux, ce qui est le cas des planètes; si, pour quelques-uns de ces corps, il s'en faut de très-peu que cette condition ne soit pas remplie, les élémens elliptiques, et surtout la longitude moyenne qui dépend de deux intégrations, acquièrent dans certains termes de très-grands diviseurs, ce qui y introduit des inégalités fort sensibles. L'auteur donne le moyen de déterminer celles qui affectent la longitude moyenne, et il fait voir que, lorsqu'on a les inégalités de ce genre, que l'action d'un des corps du système produit sur le moyen mouvement d'un autre, il est facile d'en déduire celles que l'action du second corps produit sur le moyen mouvement du premier, et il prouve que ces inégalités sont affectées de signes contraires et réciproques aux produits des masses des corps par les racines carrées des grands axes de leurs orbites. L'illustre auteur de cet ouvrage a le premier démontré que c'est à une cause semblable qu'est due l'accélération du moyen mouvement de Jupiter, et le rallentissement de celui de Saturne. (Mémoires de l'Académie, 1784-85.)

L'auteur examine ensuite le cas où les inégalités du moyen mouvement les plus sensibles ne se ren-

contrent que parmi les termes de l'ordre du carré des
masses perturbatrices ; cette circonstance singulière
a lieu dans le système des satellites de Jupiter, et
elle dépend des rapports que l'observation indique
entre les moyens mouvemens des trois premiers d'entre eux. L'auteur développe avec toute l'étendue con-
venable, ce point important du système du monde,
et il en déduit que *le moyen mouvement du premier
satellite, moins trois fois celui du second, plus deux
fois celui du troisième, est exactement et constamment égal à zéro, et que la longitude moyenne du
premier satellite, moins trois fois celle du second,
plus trois fois celle du troisième, est exactement et
constamment égale à deux angles droits.* Ces beaux
théorèmes qui seuls suffiroient sans doute pour im-
mortaliser leur auteur, ont été présentés pour la première fois aux géomètres et aux astronomes dans les
mémoires que nous avons cités plus haut.

L'auteur développe ensuite les équations différentielles qui déterminent les variations des autres élémens de l'orbite ; il fait voir que les valeurs des inconnues qu'elles renferment, sont composées de deux
parties ; l'une, dépendante de la configuration mutuelle des corps du système, contient les variations
appelées périodiques ; l'autre, indépendante de cette
configuration, renferme les variations appelées séculaires. L'auteur donne un moyen très-simple d'obtenir la première partie ; et quant à la seconde, il
prouve qu'elle est donnée par les mêmes équations
différentielles privées de leurs derniers termes ; circonstance qui les ramène à celles qu'il avoit traitées

plus haut avec la plus grande étendue, par la première méthode d'approximation dont nous avons parlé.

Nous avons dit que les rapports des moyens mouvemens peuvent introduire, dans l'expression de la longitude moyenne, une inégalité sensible parmi les termes dépendans de la seconde puissance des masses perturbatrices. L'auteur examine l'influence de ces mêmes rapports sur les autres élémens, et il détermine les inégalités qui en résultent ; il établit les rapports très simples qui lient ces inégalités à celles du moyen mouvement; il discute les variations que peuvent éprouver en vertu de la même cause, les expressions de la latitude au dessus d'un plan fixe peu incliné à l'orbite ; il fait voir comment, au moyen de ces résultats, on obtient les valeurs de la latitude, de la longitude, et du rayon vecteur de l'orbite troublée, variables qui déterminent la position des corps célestes. C'est ainsi que se termine ce second livre extrêmement remarquable par l'importance du sujet, la beauté des méthodes, et la simplicité de l'exposition ; avantages précieux, et qui se font principalement sentir dans la recherche des inégalités dépendantes des rapports des moyens mouvemens. Les géomètres savent que c'est à l'auteur de cet ouvrage que cette théorie est due presque toute entière.

LIVRE TROISIÈME.

L'auteur, dans le premier volume, a établi les lois suivant lesquelles se meuvent les centres de gravité des corps célestes. Dans celui-ci il considère les phénomènes dépendans de la figure de ces corps, et des circonstances particulières à chacun d'eux. Quelle que soit l'étendue et l'importance des recherches que le premier volume renferme, le second est encore plus remarquable, tant par la difficulté du sujet, que par la beauté de l'analyse, et l'art infini avec lequel elle est appliquée.

L'auteur y traite d'abord de la figure des corps célestes. Cette figure dépend de la loi de la pesanteur à leur surface; et cette pesanteur, résultat des attractions de toutes les molécules qui les composent, dépend de leur figure. La liaison de ces deux inconnues rend leur détermination très-difficile. L'auteur résout ce problème, en supposant les corps célestes recouverts par un fluide; la méthode qu'il emploie pour y parvenir est une application très-singulière du calcul aux différences partielles, qui conduit, par de simples différenciations, aux résultats les plus étendus.

Considérant d'abord les sphéroïdes homogènes, il forme l'expression de leurs attractions sur un point donné parallèlement à trois axes rectangulaires. Cette expression dépend d'une intégrale triple qui est susceptible d'une transformation commode; l'auteur en développe le principe général. Appliquant ces résultats aux sphéroïdes terminés par des surfaces finies du second ordre, et supposant d'abord le point attiré intérieur au sphéroïde, il en déduit qu'un point, placé dans l'intérieur d'une couche elliptique dont les surfaces intérieure et extérieure sont semblables et semblablement situées, est également attiré de toutes parts.

Il obtient ensuite les attractions du sphéroïde parallèlement aux trois axes rectangulaires, au moyen d'une seule intégrale définie ; mais cette intégrale n'étant possible en elle-même que dans le cas où le sphéroïde est de révolution, l'auteur en fait une application aux surfaces de ce genre, et détermine, en termes finis, la valeur de leur force attractive sur un point placé dans leur intérieur.

Il considère ensuite l'attraction des mêmes sphéroïdes sur un point extérieur. Cette recherche présente plus de difficultés que la précédente ; mais elle peut cependant y être ramenée. Pour cela l'auteur rappelle que les attractions du sphéroïde, parallèlement aux trois axes, sont données par les différences partielles de la fonction qui exprime la somme des molécules du sphéroïde, divisées par leurs distances respectives au point attiré. Il obtient la valeur de cette fonction, quand le point attiré est à une très-grande distance, et il donne une équation du second ordre aux différences partielles qui la détermine en général. Il fait voir ensuite, à l'aide des séries, que cette fonction est le produit de deux facteurs, dont l'un est la masse du sphéroïde, et l'autre est seulement fonction de ses excentricités et des coordonnées du point attiré ; d'où il résulte que les attractions de deux sphéroïdes elliptiques qui ont le même centre, la même position des axes et les mêmes excentricités sur un même point extérieur, sont entre elles comme les masses de ces sphéroïdes. Il suit encore de cette propriété que pour avoir l'attraction du sphéroïde proposé sur le point attiré, il suffit de connoître l'attraction sur le même point d'un sphéroïde dont les excentricités et la position des axes seroient les mêmes, et dont la surface passeroit par ce point. L'auteur fait voir qu'il n'y a qu'un seul sphéroïde elliptique qui remplisse cette condition. La recherche de l'attraction de ces sphéroïdes sur les points qui leur sont extérieurs se trouve ainsi ramenée au cas où le point attiré est sur leur surface. De là résulte l'expression de cette attraction en termes finis, lorsque le sphéroïde est un ellipsoïde de révolution, ce qui complète la théorie de l'attraction des sphéroïdes elliptiques. L'auteur donne le moyen d'étendre ces résultats au cas où le sphéroïde attirant seroit composé de couches elliptiques variables, de densité, de position et d'excentricités suivant une loi quelconque. Il considère ensuite d'une manière générale les attractions des sphéroïdes quelconques; il rappelle d'abord que cette attraction est donnée par une équation du second ordre aux différences partielles. Toute la théorie de l'attraction des sphéroïdes découle de cette équation fondamentale. L'auteur, après lui avoir fait subir diverses transformations, entreprend d'en déduire, par le moyen des séries, la valeur de la fonction cherchée; et d'abord il fait voir que pour les sphéroïdes très-peu différents de la sphère, on peut y parvenir sans le secours de l'intégration, au moyen d'une équation très-remarquable qui a lieu à leur surface. Il suffit, pour cela, de développer leur rayon dans une suite de fonctions d'un genre particulier, donné par la nature de la question. L'auteur prouve que ce dé-

veloppement ne peut avoir lieu que d'une seule manière, et donne plus loin une méthode très-simple
pour le former. Il établit ensuite un très-beau théorème relatif à l'intégration définie des différentielles
doubles qui sont le produit de deux de ces fonctions,
et il en déduit que l'on peut faire disparoître les
deux premiers termes du développement du rayon
du sphéroïde, en fixant l'origine des coordonnés à
son centre de gravité, et prenant, pour la sphère
dont il est peu différent, celle qui lui est égale en
volume. A l'aide de ces considérations, l'auteur
obtient, de la manière la plus simple, les attractions
des sphéroïdes homogènes très-peu différents de la
sphère sur les points qui leur sont intérieurs ou
extérieurs; et il étend ces résultats au cas où les
sphéroïdes sont hétérogènes, quelle que soit d'ailleurs la loi suivant laquelle varient la figure et la
densité de leurs couches. Passant ensuite à la recherche des attractions des sphéroïdes quelconques,
lesquelles dépendent également de la fonction qui
exprime la somme de leurs molécules divisées par
leurs distances respectives au point attiré, l'auteur
fait voir que cette fonction peut être facilement déterminée, lorsque l'on a son expression en série,
pour les deux cas où le point attiré est situé sur le
prolongement de l'axe du pole ou dans le plan de
l'équateur. Cette considération, qui simplifie beaucoup la recherche dont il s'agit, étant appliquée à
l'ellipsoïde, fournit une nouvelle démonstration du
théorème dont nous avons parlé plus haut, et qui
consiste en ce que la fonction qui détermine l'at-

t action de ces corps, est le produit de deux facteurs dont l'un est la masse même de l'ellipsoïde,
et l'autre ne dépend que des excentricités et de la
position des axes.

L'auteur considère ensuite la figure que les sphéroïdes, supposés fluides, doivent prendre en vertu
de l'attraction mutuelle de toutes leurs parties et
des autres forces qui les animent. Pour cela, il cherche la figure qui satisfait à l'équilibre d'une masse
fluide homogène, douée d'un mouvement de rotation uniforme autour d'un axe fixe. Il suppose que
cette figure soit celle d'un ellipsoïde de révolution
dont l'axe de rotation est l'axe de révolution lui-
même. Il détermine les forces attractive et centrifuge qui résultent de cette hypothèse ; et, les substi-
tuant dans l'équation de l'équilibre des fluides, il
en tire une équation indépendante des coordonnées
de la surface, et qui établit le rapport qui doit exister entre l'excentricité du sphéroïde et l'axe du pole,
pour que l'équation de l'équilibre soit satisfaite. Il
suit de là que la figure elliptique satisfait aux conditions de l'équilibre, du moins lorsque le rapport
de l'excentricité à l'axe du pôle est convenablement
déterminé en fonction de la force centrifuge et de
la densité du corps. Dans cette supposition la pesanteur au pole est à la pesanteur à l'équateur, comme
le diamètre de l'équateur est à l'axe du pôle, et
l'on en déduit la relation générale de la latitude à
la pesanteur. Ces résultats font aussi connoître le
rapport de l'excentricité à l'axe du pôle, et celui
de la force centrifuge à la densité du corps, au

moyen de la longueur du pendule à secondes et de
la grandeur du degré du méridien observées l'une
et l'autre à une latitude donnée. L'auteur applique
ces formules à la terre supposée un ellipsoïde de
révolution, et homogène ; et fixe dans cette hypothèse, le rapport de l'axe du pole à celui de l'équateur.

L'auteur examine ensuite si l'équation qui donne
le rapport de l'excentricité à l'axe du pôle est susceptible de plusieurs racines réelles. Il fait voir que
pour le même mouvement de rotation le nombre de
ces racines réelles se réduit à deux, d'où il résulte
qu'au même mouvement angulaire de rotation ré-
pondent deux figures différentes d'équilibre ; mais
la rapidité de ce mouvement est limitée, car l'équilibre ne sauroit avoir lieu avec une figure elliptique,
quand la durée de la rotation ne surpasse pas le
produit de une heure quatre-vingt-dix secondes, par
la racine quarrée du rapport de la moyenne densité
de la terre à celle de la masse fluide. Le temps est
ici compté suivant la division nouvelle. Les rotations
observées de Jupiter et du Soleil sont dans les limites
de cette durée.

On pourroit croire que cette limite est celle où
le fluide commenceroit à se dissiper en vertu d'un
mouvement de rotation trop rapide ; l'auteur fait
voir qu'il n'en est pas ainsi, puisqu'à cette limite
la pesanteur à l'équateur surpasse encore le tiers de
la pesanteur au pôle, d'où il suit que si l'équilibre
cesse d'être possible, c'est qu'avec un mouvement
plus rapide on ne sauroit donner à la masse fluide

une figure elliptique telle que la résultante de son attraction et de la force centrifuge soit perpendiculaire à la surface.

L'auteur examine ensuite si l'équilibre peut subsister avec une figure alongée vers les pôles, et il prouve que cela ne sauroit avoir lieu. Ce qui vient d'être dit sur la possibilité de deux états d'équilibre relativement à un même mouvement angulaire de rotation, n'entraîne pas cette possibilité relativement à une même force primitive; pour savoir ce qu'on doit conclure à cet égard, l'auteur considère une masse fluide agitée primitivement par des forces quelconques, et abandonnée ensuite à elle-même et à l'attraction mutuelle de toutes ses parties; par le centre de gravité de cette masse supposée immobile il conçoit un plan sur lequel la somme des aires, décrites par les projections des rayons recteurs de chaque molécule, et multipliées par les masses respectives de ces molécules, soit au commencement du mouvement un maximum. Ce plan jouira constamment de cette propriété; aussi, lorsqu'après un grand nombre d'oscillations la masse fluide prendra un mouvement de rotation uniforme autour d'un axe fixe, cet axe sera perpendiculaire au plan dont nous venons de parler, qui deviendra par conséquent celui de l'équateur, et le mouvement de rotation sera tel que la somme des aires sur ce plan demeurera la même qu'à l'origine du mouvement. Cette considération détermine le mouvement de rotation et la figure du corps; d'où il suit que pour la même impulsion primitive il n'y a qu'une seule

3

figure elliptique qui satisfasse à l'équilibre. L'auteur observe que l'axe autour duquel s'établit la rotation uniforme étant, dès l'origine du mouvement, perpendiculaire au plan du maximum des aires, étoit aussi, à cette époque, l'axe des plus grands momens; et l'on voit qu'il conserve encore cette propriété pendant le mouvement. Cette constance dans les propriétés initiales forme une analogie remarquable, et jusqu'ici non aperçue, entre l'axe des plus grands momens et la place du maximum des aires.

L'auteur, dans ce qui précède, a fait voir que la figure elliptique satisfait à l'équilibre d'une masse fluide homogène, douée d'un mouvement de rotation uniforme autour d'un axe fixe; mais, pour résoudre complétement ce problème, il faudroit déterminer *à priori* toutes les figures possibles d'équilibre, ou s'assurer que la figure elliptique est la seule qui remplisse ces conditions : on sent d'ailleurs que dans la recherche de la figure des planètes on ne doit pas se borner au cas de l'homogénéité; mais alors cette recherche, considérée sous le point de vue général, devient extrêmement difficile. Heureusement elle se simplifie relativement aux planètes et aux satellites, à cause du peu de différence qui existe entre la figure de ces corps et celle de la sphère, ce qui permet de négliger le quarré de cette différence et les quantités qui en dépendent. Pour traiter ce problème dans toute sa généralité, l'auteur considère l'équilibre d'une masse fluide, qui recouvre un corps formé de couches de densités ra-

riables, doué d'un mouvement de rotation autour
d'un axe fixe, et sollicité par l'action de corps étran-
gers; et il établit l'équation générale de cet équilibre, lorsque le sphéroïde recouvert diffère peu
d'une sphère. Ce sphéroïde peut d'ailleurs être entièrement fluide; il peut être formé d'un noyau solide, recouvert par un fluide; dans ces deux cas,
qui se réduisent à un seul, si le sphéroïde est homogène, l'équation précédente détermine sa figure,
celle des couches fluides qui le recouvrent, et donne
encore, par la simple différenciation, la variation
de la pesanteur à sa surface. Lorsque les corps étran-
gers sont nuls, et qu'ainsi le sphéroïde supposé homogène et de même densité que le fluide n'est sollicité que par l'attraction de ses molécules et la
force centrifuge de son mouvement de rotation; sa
figure devient celle d'un ellipsoïde de révolution
sur lequel les accroissemens de la pesanteur et les
diminutions des rayons sont proportionnels aux quarrés
du sinus de la latitude, d'où l'auteur conclut que la
figure elliptique est alors la seule qui satisfasse à
l'équilibre. Cette démonstration repose uniquement
sur la seule hypothèse que la figure du sphéroïde
est peu différente de la sphère; mais elle exige le
développement du rayon de ce sphéroïde dans une
suite de fonctions d'un genre particulier, ce que
l'auteur a démontré plus haut être toujours possible;
mais pour éviter toutes les difficultés que ce développement pourroit faire naître, il reprend le
même problème par une méthode directe et indépendante des séries; cette méthode consiste d'abord

à transformer l'équation de l'équilibre de manière à
la rendre linéaire par rapport au rayon vecteur du
sphéroïde. Supposant ensuite nulle l'action des forces
étrangères, on déduit de cette équation, et par des
différenciations seulement, que si le sphéroïde cherché est de révolution, il ne peut être qu'un ellipsoïde
qui se réduit à une sphère, lorsqu'il n'y a pas de
mouvement de rotation; en sorte que la sphère est
la seule surface de révolution qui satisfasse à l'équilibre d'une masse fluide homogène immobile. De là,
on conclut ensuite généralement que si la masse fluide
est sollicitée par des forces quelconques très-petites,
il n'y a qu'une seule figure possible d'équilibre; car
en supposant qu'il y en ait plusieurs, il y auroit
donc plusieurs rayons différens, qui, substitués dans
l'équation de l'équilibre, la vérifieroient; et comme
cette équation est linéaire par rapport à ces rayons,
la somme de deux quelconques d'entr'eux y satisfe-
roit encore aussi bien que leur différence. De là, l'auteur déduit habilement que cette différence doit être
nulle, d'où il conclut que le sphéroïde ne peut être
en équilibre que d'une seule manière.

Vient ensuite la considération de l'équilibre d'une
masse fluide homogène qui recouvre un sphéroïde d'une
densité différente. Pour cela, il observe que l'on peut
regarder cette sphère comme étant de même densité que le fluide, et placer à son centre une force
réciproque au quarré des distances. Au moyen de
cette considération, on obtient facilement l'équation de l'équilibre pour ce sphéroïde, et il en résulte
qu'il y a généralement dans ce cas, et lorsque le

sphéroïde est de révolution, deux figures d'équilibre.
Lorsqu'il n'y a point de mouvement de rotation;
et qu'on suppose nulles les forces étrangères à l'attraction mutuelle des molécules du corps, une de
ces deux figures est sphérique, et elles le sont toutes
deux si le sphéroïde est homogène, ce qui confirme
les résultats précédens.

Après avoir ainsi obtenu les figures de révolution
qui satisfont à l'équilibre d'une masse fluide homogène qui recouvre une sphère, l'auteur donne le
moyen d'en déduire celles qui ne sont pas de révolution. Pour cela, il transporte à un point quelconque l'origine des angles qui déterminent la position
du rayon vecteur dans l'espace, angles qui étoient
précédemment comptés, à partir de l'extrémité de
l'axe de révolution. Par ce moyen, ces angles entrent
tous dans l'expression du rayon vecteur; et, comme
par ce qui précède, ce rayon satisfait à l'équation
de l'équilibre, quelle que soit la position de cette
nouvelle origine, il y satisfera encore quand on fera
varier cette origine d'une manière quelconque. Cette
variation n'influe que sur l'excès du rayon vecteur
du sphéroïde sur le rayon de la sphère dont il est
peu différent; et comme l'équation de l'équilibre est
linéaire par rapport au rayon du sphéroïde, elle
sera encore satisfaite, si on ajoute un nombre quelconque de ces excès à la partie constante qui entre
dans l'expression du rayon vecteur. Le sphéroïde auquel ce rayon appartient n'est plus de révolution,
il est formé par la sphère dont le sphéroïde est peu
différent, augmentée d'un nombre quelconque de

couches semblables à l'excès du sphéroïde primitif de révolution sur cette sphère; ces couches étant d'ailleurs posées arbitrairement les unes au dessus des autres. L'auteur fait voir que ces résultats peuvent se déduire également de la réduction en série des attractions des sphéroïdes, ce qui prouve que les résultats, obtenus par cette méthode, ont toute la généralité possible, et qu'il n'est pas à craindre qu'aucune figure d'équilibre leur échappe. Ce résultat confirme ce qu'on a vu précédemment, que la forme donnée au rayon des sphéroïdes n'est point arbitraire, et découle de la nature même de leurs attractions.

L'auteur reprend ensuite l'équation générale de l'équilibre des sphéroïdes peu différens de la sphère et recouverts de couches fluides, de densités variables. Il en déduit l'équation de la figure de ces couches. Examinant en particulier le cas où le sphéroïde supposé entièrement fluide, n'est sollicité par aucune action étrangère, il fait voir qu'il ne peut être alors qu'un ellipsoïde de révolution dont les ellipticités croissent et les densités diminuent du centre à la surface; il obtient l'équation qui détermine le rapport de ces quantités entr'elles, et il en déduit les limites de l'aplatissement du sphéroïde. La première répondant au cas de l'homogénéité, l'autre à celui où la gravité seroit dirigée vers un seul point. Telle doit avoir été la figure de la terre supposée primitivement fluide. Dans le cas dont il s'agit ici, les directions de la pesanteur de la surface au centre ne forment plus une ligne droite, mais une courbe dont l'auteur détermine l'équation, et qui est la trajectoire à angles droits de toutes les ellipses, qui, par leur révolution, forment les couches de niveau du sphéroïde.

L'auteur considère encore le cas général dans lequel le sphéroïde, toujours fluide à sa surface, peut renfermer un noyau solide d'une figure quelconque peu différente de la sphère. Le rayon, mené du centre de gravité du sphéroïde à la surface, et la loi de la pesanteur à cette surface ont quelques propriétés générales que l'auteur fait connoître, et qui sont d'autant plus importantes qu'elles sont indépendantes de toute hypothèse. La première consiste en ce que, dans l'état d'équilibre, la partie fluide du sphéroïde doit toujours se disposer de manière que le centre de gravité de la surface extérieure coïncide avec celui du sphéroïde. L'état permanent d'équilibre dans lequel sont les corps célestes fait connoître encore quelques propriétés de leurs rayons ; car cet état exige que ces corps tournent sinon exactement, du moins à très-peu près autour d'un de leurs trois axes principaux. De là résultent certaines conditions auxquelles leurs rayons doivent satisfaire ; l'auteur les développe avec la plus grande simplicité.

Il obtient ensuite, par la différenciation de l'équation générale de l'équilibre des sphéroïdes, la loi de la pesanteur à sa surface ; et il en déduit la longueur du pendule à secondes qui est proportionnelle à cette pesanteur. Enfin l'expression développée du rayon du sphéroïde lui donne le rayon osculateur et par conséquent le degré du méridien. Ces formules ont l'avantage précieux d'être absolument indépendantes de la constitution intérieure du sphéroïde, c'est-à-dire, de la figure et de la densité de ses couches. Elles dépendent uniquement de l'expression de son rayon, à laquelle elles sont liées par des rapports très-simples. En comparant ces relations entr'elles, on voit que les parties du rayon qui entrent sous une forme finie dans l'expression de la pesanteur et de la longueur du pendule, subissent deux différenciations successives pour passer dans l'expression du degré du méridien, et en subiroient par conséquent trois dans la variation de deux degrés consécutifs ; et comme la différentielle d'une quantité élevée à une puissance quelconque est toujours multipliée par l'exposant de cette puissance, il en résulte que des termes peu sensibles par eux-mêmes dans l'expression de la longueur du pendule, pourront, s'ils sont élevés à de grandes puissances, le devenir beaucoup dans la variation des degrés, ce qui explique, d'une manière fort simple, comment il est possible que les longueurs observées du pendule à secondes croissent de l'équateur au pôle, à peu près proportionnellement au quarré du sinus de la latitude, tandis que les variations des degrés observés du méridien s'écartent sensiblement de cette loi. Par la même raison, l'aberration de la figure elliptique sera moins sensible dans la valeur de la parallaxe horizontale de la lune, qui est proportionnelle au rayon terrestre, que dans l'expression de la longueur du pendule qui est donnée par la différenciation de l'équation de l'équilibre, dans laquelle le rayon du sphéroïde entre sous une forme finie. Les formules précédentes peuvent servir encore à vérifier les hypothèses propres à représenter les degrés mesurés du méridien. L'auteur en fait l'application à celle qu'a proposée Bouguer, de supposer les accroissemens des degrés de l'équateur au pôle proportionnels à la quatrième puissance du sinus de la latitude, et il prouve que cette loi ne peut pas être admise.

L'auteur applique ces résultats généraux au cas où le sphéroïde n'étant point sollicité par des actions étrangères, est formé de couches elliptiques ayant toutes leur centre au centre de gravité du fluide. On a vu que ce cas est celui de la terre supposée primitivement fluide, et l'auteur prouve qu'il lui conviendroit encore dans l'hypothèse où les figures de ses couches seroient semblables. Il en déduit qu'alors les rayons diminuent et les degrés augmentent de l'équateur au pôle proportionnellement au quarré du sinus de la latitude. Il prouve encore, à l'aide des mêmes formules, que dans les suppositions les plus vraisemblables, suppositions qui deviennent nécessaires, si le sphéroïde a été originairement fluide, son aplatissement doit être moindre que dans le cas de l'homogénéité. Enfin, il établit entre l'ellipticité de la terre et la variation du pendule de l'équateur au pôle, ce rapport remarquable : *Si l'on prend pour unité la longueur du pendule à l'équateur, autant l'ellipticité de la terre surpasse celle qui auroit lieu dans le cas de l'homogénéité, autant l'accroissement total du pendule de l'équateur au pôle est sur-*

passé par celui qui auroit lieu dans le même cas, et réciproquement; en sorte que la somme de cet accroissement et de l'ellipticité forme une quantité constante.

L'auteur détermine ensuite l'attraction des sphéroïdes dont la surface est fluide et en équilibre, hypothèse qui a lieu pour la terre, et qu'il paroît naturel d'étendre aux autres corps du système du monde. Il donne ensuite une expression extrêmement simple de la loi de la pesanteur à la surface des sphéroïdes homogènes en équilibre, quel que soit l'exposant de la puissance à laquelle l'attraction est proportionnelle; il fait usage pour cela de l'équation qui a lieu à la surface des sphéroïdes très-peu différents de la sphère; et il en déduit qu'en général, si le sphéroïde est fluide homogène et doué d'un mouvement de rotation, la pesanteur varie de l'équateur au pôle, proportionnellement au quarré du sinus de la latitude; et, ce qui est singulièrement remarquable, cette variation s'anéantit lorsque l'attraction est proportionnelle au cube de la distance, en sorte que, dans ce cas, la pesanteur à la surface des sphéroïdes homogènes est partout la même, quel que soit leur mouvement de rotation.

Dans les recherches précédentes, l'auteur a supposé l'effet de la force centrifuge et des attractions étrangères très-petit, par rapport à l'attraction du sphéroïde, ce qui a permis de négliger le quarré et les autres puissances de ces forces, ainsi que les quantités du même ordre; mais il fait voir qu'il est facile d'étendre la même analyse au cas où il faudroit les conserver. Il arrive enfin à cette conclusion importante, que l'équilibre est rigoureusement possible, quoiqu'on ne puisse assigner, que par des approximations successives, la figure qui y satisfait. Tel est le résultat des travaux du C. Laplace sur les attractions des sphéroïdes. La manière uniforme et directe avec laquelle cette théorie, si abstraite et si épineuse, dérive par de simples différenciations d'une seule équation fondamentale, est sans doute une des choses les plus remarquables qui aient été faites en Analyse.

Pour comparer les résultats précédents aux observations, il est nécessaire de connoître la courbe des méridiens terrestres, et celle que l'on trace par une suite d'opérations géodésiques. Si, par l'axe de rotation de la terre et par le zénith d'un lieu de sa surface, on imagine un plan prolongé jusqu'à la sphère céleste, ce plan y tracera la circonférence d'un grand cercle qui sera le méridien du lieu, et tous les points de la surface de la terre qui auront leur zénith sur cette circonférence, seront sous le même méridien céleste. Ces points sont donc tels que les normales, menées par eux à la surface de la terre, sont toutes parallèles à un même plan. D'après cette condition, l'auteur détermine la courbe qu'ils forment sur la surface. Cette courbe, qui est le méridien terrestre, est plane, si le sphéroïde est de révolution ; mais dans le cas général, elle est à double courbure.

La ligne géodésique est une courbe dont le premier côté est tangent dans une direction quelconque

à la surface de la terre. Son second côté est le prolongement de cette tangente, plié suivant une verticale et ainsi de suite. D'après cette condition, l'auteur détermine l'équation de cette courbe, qui est
la plus courte que l'on puisse mener entre deux points
donnés sur la surface de la terre.

La ligne géodésique est très-propre à nous éclairer
sur la véritable figure de la terre. En effet, on peut
concevoir à chaque point de la surface de la terre
un ellipsoïde tangent, et sur lequel les mesures géodésiques, les longitudes et les latitudes, à partir du
point de contingence, seroient, dans une petite étendue, les mêmes qu'à cette surface. Si la terre étoit
un ellipsoïde, elle se confondroit avec l'ellipsoïde
tangent qui seroit partout le même ; mais si cette
circonstance n'a pas lieu, l'ellipsoïde tangent variera
d'un pays à un autre, et ces variations, intéressantes
à connoître, ne peuvent être déterminées que par des
mesures géodésiques, faites dans des sens différents
et dans diverses contrées.

La surface de la terre étant supposée peu différente de la sphère, l'auteur donne l'équation de la
ligne géodésique ; et, considérant d'abord le cas où
le premier côté de cette ligne est parallèle au plan
correspondant du méridien céleste, il en déduit la
longueur de l'arc compris entre deux latitudes données. Si le sphéroïde terrestre est de révolution,
cet arc et la courbe entière sont dans un même plan,
qui est celui du méridien céleste. Elle s'en écarte
si les parallèles ne sont pas des cercles, en sorte que
l'observation de cet écart peut nous éclairer sur ce

point important de la figure de la terre. L'auteur,
par une analyse très-délicate, fait voir que si le
premier côté de la ligne géodésique est parallèle au
plan correspondant du méridien céleste, la différence de longitude des deux extrémités de l'arc mesuré est égale à l'angle azimuthal de l'extrémité de
l'arc, divisé par le sinus de la latitude. Ce résultat,
très-simple, est indépendant de la constitution intérieure de la terre et de la connoissance de sa figure.
Il est de la plus grande importance dans cette théorie,
puisque si l'angle azimuthal, observé, est tel qu'on
ne puisse pas l'attribuer aux erreurs des observations,
on en pourra conclure avec certitude que la terre
n'est pas un sphéroïde de révolution. L'auteur considère ensuite le cas où le premier côté de la ligne
géodésique est perpendiculaire au plan correspondant du méridien terrestre, et il obtient une équation qui détermine la différence en latitude des deux
extrémités de l'arc. Il est extrêmement remarquable
que la fonction qui donne cette différence soit égale
à l'angle azimuthal observé à l'extrémité du même
arc, mesuré dans le sens du méridien, et divisé par
la tangente de la latitude au premier point de cet
arc. Cette fonction pourra donc être déterminée de
deux manières, et l'on pourra juger si les valeurs
trouvées, soit de la différence des latitudes, soit de
l'angle azimuthal, sont dues aux erreurs des observations, ou à l'excentricité des parallèles terrestres.
L'auteur calcule ensuite la différence en longitude
des deux extrémités de l'arc, mesuré dans le sens
des parallèles, ainsi que l'angle azimuthal, formé

par l'extrémité de cet arc avec le plan correspondant du méridien céleste. Enfin, il détermine les
rayons osculateurs des lignes géodésiques dirigées,
soit dans le sens du méridien, soit dans le sens des
parallèles, et il en déduit celui de la ligne géodésique qui forme, avec le méridien, un angle quelconque. Considérant ensuite l'ellipsoïde osculateur,
l'auteur apprend à le déterminer d'après les mesures
de la terre.

On a vu précédemment que la figure elliptique
doit être celle de la terre et des planètes, en les
supposant originairement fluides, si d'ailleurs elles
ont conservé, en se durcissant, leur figure primitive;
il étoit donc naturel de comparer à cette figure les
degrés mesurés du méridien; mais cette comparaison
a donné, pour la figure des méridiens terrestres, des
ellipses différentes et qui s'éloignent trop des observations pour pouvoir être admises, d'où il résulte
que la figure de la terre est beaucoup plus compli-
quée qu'on ne l'avoit cru d'abord. Cependant, avant
d'abandonner entièrement la figure elliptique, il importe de déterminer celle dans laquelle l'erreur est
plus petite que dans toute autre de la même nature.
L'auteur donne, pour atteindre ce but, deux méthodes différentes; la première est généralement applicable toutes les fois qu'ayant un certain nombre
d'observations, que l'on suppose représentées par
une fonction dont la forme est donnée, il s'agit de
déterminer cette fonction de manière que les erreurs
des observations y soient plus petites que dans toute
autre de la même forme. Ayant, par exemple, un

nombre quelconque d'observations d'une comète, on peut, par son moyen, déterminer l'orbite parabolique dans lequel la plus grande erreur est, abstraction faite du signe, moindre que dans toute autre de la même nature ; mais cette méthode exigeant des calculs assez longs, lorsque le nombre des observations est considérable, l'auteur en donne une autre plus expéditive, et applicable aux longueurs observées du pendule et des degrés du méridien. L'ellipse, déterminée par cette méthode, sert à reconnoître si la figure elliptique est dans les limites des erreurs des observations ; mais, par cela même, elle n'est pas celle que les degrés mesurés indiquent avec le plus de vraisemblance. Cette dernière paroit à l'auteur devoir jouir des propriétés suivantes : 1.° que la somme des erreurs commises dans les mesures des arcs entiers mesurés, soit nulle ; 2.° que la somme de ces erreurs prises toutes positivement, soit un minimum. Il donne une méthode pour la déterminer d'après les conditions précédentes, et cette méthode qui emploie les longueurs totales des arcs mesurés, a l'avantage de donner, comme cela doit être, d'autant plus d'influence à chacun de ces arcs, qu'il est plus considérable.

L'auteur applique ces méthodes aux degrés mesurés au Pérou, au Cap de Bonne-Espérance, en Pensylvanie, en Italie, en France, en Autriche et en Laponie. Il en résulte que dans l'hypothèse elliptique, on ne peut éviter une erreur de cent quatre-vingt-neuf mètres sur quelques-uns de ces degrés, erreur beaucoup trop considérable. L'ellipticité correspondante à ce minimum d'erreur est égale à $\frac{1}{333}$, l'axe du pôle étant pris pour unité. L'ellipse la plus probable donne pour cette ellipticité $\frac{1}{313}$, et elle suppose une erreur de 336 mètres dans le degré mesuré en Pensylvanie, ce qui ne peut être admis. Ce résultat confirme ce qui a été dit précédemment, que la terre s'écarte sensiblement d'une figure elliptique. Mais il ne reste plus aucun doute à cet égard, lorsque l'auteur, appliquant la même analyse aux opérations faites nouvellement et avec tant de soin par Delambre et Méchain, en déduit $\frac{1}{312}$ pour l'ellipticité de la terre, aplatissement qui, ainsi que l'observe l'auteur, ne peut subsister ni avec les phénomènes de la pesanteur, ni avec ceux de la précession et de la nutation; car ces phénomènes ne permettent pas de supposer à la terre un aplatissement plus grand que dans le cas de l'homogénéité, ou au dessus de $\frac{1}{230}$, et l'extrême précision qu'ont apportée dans leurs opérations les habiles astronomes que nous avons nommés, ne permet pas d'attribuer cet écart aux erreurs des observations. Pour conclure la grandeur du quart du méridien terrestre, de l'arc compris et observé entre Dunkerque et Mont-Jouy, il faut adopter une hypothèse sur la figure de la terre, et au milieu des irrégularités qu'elle présente, la plus simple est celle d'un ellipsoïde de révolution. En partant de cette supposition, et comparant l'arc mesuré en France avec l'arc mesuré à l'équateur, on en a déduit le quart du méridien et la longueur du mètre qui en est la dix millionième partie. Cette comparaison donne $\frac{1}{314}$ pour l'ellipticité de la terre.

L'auteur fait voir ensuite que, quelle que soit
la figure de la terre, la diminution observée des
degrés du méridien du pôle à l'équateur, exige une
augmentation correspondante dans les rayons terrestres, et par conséquent un aplatissement dans le
sens des pôles. Il passe ensuite à la comparaison de
l'hypothèse elliptique, avec les longueurs observées
du pendule à secondes. Prenant, pour cet objet,
quinze observations choisies, il fait voir que l'on
peut les concilier toutes avec une figure elliptique,
en n'y admettant qu'une erreur égale au dix-huit
cent millième de la longueur observée. L'ellipticité
correspondante à ce minimum d'erreur est $\frac{1}{335}$, et
celle que donne l'ellipse la plus probable est $\frac{1}{315}$.
On voit par là que les aberrations de la figure elliptique sont moins sensibles dans les variations des
longueurs du pendule que dans celle des degrés du
méridien. La théorie des attractions des sphéroïdes
donne, comme l'auteur l'a fait remarquer précédemment, une explication bien simple de cette circonstance.

L'auteur applique les mêmes méthodes à Jupiter
dont l'aplatissement a été déterminé avec exacti-
tude. Il suppose d'abord cette planète homogène,
et compare aux observations l'aplatissement calculé
dans cette hypothèse. Ce résultat se trouvant trop
fort, l'auteur en conclut que Jupiter est moins
aplati que dans le cas de l'homogénéité, et qu'ainsi
sa densité croît, comme celle de la terre, de la surface au centre. Dans ce cas, la théorie établit des
limites entre lesquelles doit être compris le rapport

4

des deux axes ; ici ces limites sont très-rapprochées,
et l'auteur fait voir que les axes observés de Jupiter y sont renfermés, en sorte que la pesanteur est
encore sur ce point parfaitement d'accord avec les
observations.

L'auteur s'occupe ensuite de l'anneau de Saturne ;
il suppose qu'une couche fluide infiniment mince,
répandue sur cette surface, y seroit en équilibre en
vertu des forces dont elle est animée ; et c'est d'a-
près la condition de cet équilibre qu'il détermine la
figure des anneaux. Pour y parvenir, il conçoit chaque anneau comme engendré par la révolution d'une
figure fermée, telle que l'ellipse, mue perpendicu-
lairement à son plan autour du centre de Saturne,
placé sur le prolongement de l'axe de cette figure.
Introduisant ces circonstances dans l'équation du second ordre aux différences partielles, relative aux
attractions des sphéroïdes, et supposant les dimen-
sions de l'anneau très-petites par rapport à sa distance au centre de Saturne, il en résulte une équation intégrale, qui est la même que si la surface an-
nullaire étoit un cylindre d'une longueur infinie ; et
l'on voit en effet que ce cas est à fort peu près celui
de l'anneau lorsque le point attiré est près de sa surface. Mais comme cette première approximation n'est
pas suffisante, en général, l'auteur donne le moyen
d'en obtenir de plus en plus exactes, et il fait voir
que pour les obtenir il suffira de connoître les attractions des anneaux sur des points placés dans le
prolongement de l'axe de leur figure génératrice.
Considérant en particulier le cas où cette figure est

une ellipse, il donne les valeurs de ces attractions, tant sur un point éloigné des anneaux que sur un point de leur surface.

Il suppose ensuite que l'anneau soit une masse fluide homogène, et que la courbe génératrice soit une ellipse. L'équation générale de l'équilibre lui fait connoître, dans cette hypothèse, le mouvement de rotation de l'anneau, et l'ellipticité de la courbe génératrice ; il en déduit encore les limites du rapport de la moyenne densité de Saturne à celle de l'anneau ; enfin il obtient ce résultat remarquable, que le mouvement de l'anneau est le même que celui d'un satellite qui seroit autant éloigné du centre de Saturne que l'est le centre de la figure génératrice ; ce qui est entièrement conforme aux observations. Il fait voir ensuite que la théorie précédente subsisteroit encore dans le cas où l'ellipse génératrice varieroit de grandeur et de position dans toute l'étendue de la circonférence de l'anneau, qui pourroit ainsi être supposé d'une largeur inégale dans ses diverses parties ; ce qui paroît avoir lieu dans la nature. Enfin il démontre que ces inégalités sont nécessaires pour maintenir l'anneau en équilibre autour de Saturne ; pour le prouver, il suppose que l'anneau soit une ligne circulaire dont le plan passe par le centre de Saturne, mais sans que les deux centres coïncident ; et il fait voir qu'alors le centre de Saturne repoussera toujours le centre de l'anneau ; ensorte que, quel que soit le mouvement de ce second centre autour du premier, la courbe qu'il décriroit seroit convexe vers Saturne ; il finiroit donc par s'en éloigner de

plus en plus, jusqu'à ce que sa circonférence vînt
se réunir à la surface de la planète. De là l'auteur
déduit qu'en général si l'anneau étoit semblable dans
toutes ses parties, son centre seroit toujours repoussé
par le centre de Saturne, pour peu qu'il cessât de
coïncider avec lui, en sorte que la cause la plus
légère pouvant troubler cette coïncidence, l'attraction d'une comète ou d'un satellite précipiteroit l'anneau sur Saturne, et l'y réuniroit pour toujours. Il
faut donc, pour que l'équilibre soit ferme, que les
anneaux de Saturne soient des solides irréguliers
d'une largeur inégale, dans les différens points de
leur circonférence, et tels que leur centre de figure
ne coïncide pas avec leur centre de gravité. L'auteur traite ensuite de la figure des atmosphères des
corps célestes.

Un fluide rare, transparent, élastique et com-
pressible, soutenu par un corps qu'il environne et
sur lequel il pèse, est ce que l'on nomme son atmosphère. A mesure que le fluide s'élève au dessus du
corps, il devient plus rare en vertu de son ressort ;
mais si sa surface extérieure étoit élastique, elle
s'étendroit sans cesse et finiroit par se dissiper dans
l'espace. L'auteur conclut de ces considérations qu'il
doit exister un état de rareté dans lequel ce fluide
soit sans ressort, et qu'il doit se trouver dans cet
état à la surface de l'atmosphère. Alors la figure de
cette surface doit être telle que la résultante de la
force centrifuge et de la force attractive du corps
lui soit perpendiculaire, ce qui donne l'équation de
cette figure. Considérant en particulier le cas où le

sphéroïde recouvert diffère peu de la sphère, l'auteur en déduit l'équation des couches de même densité de l'atmosphère. Observant ensuite que la limite de l'atmosphère doit être telle que la force centrifuge y soit égale à la pesanteur, il démontre que l'atmosphère n'a qu'une seule figure possible d'équilibre dans laquelle le rapport du plus petit au plus grand axe, qui est celui de l'équateur, ne peut être moindre que $\frac{2}{3}$. En appliquant ces résultats à l'atmosphère solaire, on voit qu'elle ne peut s'étendre que jusqu'à l'orbite d'une planète qui circuleroit dans un temps égal à celui de la rotation de cet astre, c'est-à-dire, en vingt-cinq jours et demi. Elle est donc fort loin d'atteindre les orbes de Mercure et de Vénus. La lumière zodiacale s'étendant beaucoup au delà de ces orbes, et paroissant sous la forme d'une lentille très-aplatie, l'auteur en conclut avec certitude qu'elle n'est pas l'atmosphère du soleil.

LIVRE QUATRIÈME.

Le quatrième livre traite des oscillations de la mer et de l'atmosphère. Les premières, connues sous le nom de *flux* et *reflux*, sont très-sensibles dans nos ports : il est très-important d'en connoître les causes et d'en assigner les lois. Les oscillations de l'atmosphère, peu sensibles par elles-mêmes, sont d'autant plus difficiles à observer, qu'elles se confondent avec les vents irréguliers dont l'atmosphère est sans cesse agitée. Ce sont ces mouvemens divers que l'auteur examine.

Il reprend d'abord les équations différentielles du

mouvement de la mer, obtenues dans le dernier chapitre du premier livre, en supposant sa profondeur
très-petite par rapport aux rayons terrestres, et il
y introduit les forces qui troublent l'état d'équilibre. Ces forces sont 1.º l'attraction du soleil et
de la lune ; 2.º l'attraction de la couche aqueuse
dont le rayon intérieur est celui du sphéroïde en
équilibre, et le rayon extérieur celui du sphéroïde
troublé. Considérant d'abord le cas où la terre supposée sphérique n'auroit pas de mouvement de rotation, la profondeur de la mer étant supposée
constante ; il cherche les oscillations que doivent
y exciter les actions réunies du soleil et de la lune.
Pour cela, il développe les termes dépendans de
ces attractions et de celles d'un nombre quelconque
d'astres ; intégrant ensuite l'équation différentielle
qui donne l'accroissement du rayon du sphéroïde
pendant le mouvement, il donne pour ce rayon une
expression générale, qui embrasse toutes les figures
et toutes les vitesses dont le fluide est susceptible.

Cette expression renferme des termes dans lesquels
le temps se trouve hors des signes périodiques. Si
ces termes ne disparoissoient pas, la valeur du rayon
du sphéroïde croîtroit indéfiniment par le mouvement, et l'équilibre ne seroit pas ferme. Mais ces
termes sont multipliés par des arbitraires que l'auteur prouve être nulles, par cela seulement que la
masse fluide doit être constante. Cette condition
remplie, la stabilité de l'équilibre ne dépend plus
que de la réalité des quantités qui multiplient le
temps sous les signes périodiques ; car si ces coeffi-

cients étoient imaginaires, il en résulteroit dans l'intégrale des exponentielles et des arcs de cercle susceptibles de croître indéfiniment. Cette réalité exige
que la densité du noyau surpasse celle du fluide qui
le recouvre. Si cette condition est remplie, l'équilibre est stable quel que soit l'ébranlement primitif;
si elle ne l'est point, la stabilité dépend de la nature de cet ébranlement.

L'auteur fait voir ensuite que le fluide peut être
animé par une infinité de petits mouvemens de rotation autour d'axes quelconques, sans que la stabilité de son équilibre soit troublée. Ces mouvemens
dont il donne l'expression générale, n'écarteroient
même pas le fluide de la figure sphérique, du moins
en n'ayant égard qu'aux quantités du premier ordre.
D'ailleurs, de pareils mouvemens doivent bientôt
s'anéantir en vertu des frottemens et des résistances
de tout genre que le fluide éprouve.

L'auteur passe ensuite au cas de la nature dans
lequel le sphéroïde, recouvert par la mer, a un
mouvement de rotation. L'intégration des équations
différentielles présentant dans ce cas général beaucoup de difficultés, l'auteur se borne à un cas fort
étendu, qui est celui où la profondeur de la mer
n'est fonction que de la latitude. Dans ce cas même,
la recherche du rayon du sphéroïde conduit à une
équation différentielle linéaire dont l'intégration surpasse les forces de l'analyse: mais l'auteur observe
que pour déterminer les oscillations de l'Océan, il
n'est pas nécessaire d'intégrer généralement cette
équation; mais qu'il suffit d'y satisfaire, parce que

les parties de ces oscillations, dépendantes de l'état primitif de la mer, ont dû bientôt disparoître par l'effet des obstacles extérieurs; en sorte que, sans l'action du soleil et de la lune, la mer seroit depuis longtemps parvenue à un état permanent d'équilibre: d'où il suit que l'action de ces deux astres l'en écarte sans cesse, et qu'ainsi il suffit de considérer les oscillations qui en dépendent. Développant les termes qui les produisent, l'auteur les partage en trois classes; les premiers ne dépendent nullement du mouvement de rotation de la terre, mais seulement du mouvement de l'astre attirant dans son orbite; ils varient avec une grande lenteur, et ne redeviennent les mêmes qu'après un long intervalle. Les termes de la seconde classe dépendent principalement du mouvement de rotation de la terre, et redeviennent les mêmes après un intervalle d'à peu près un jour; enfin, ceux de la dernière classe dépendent d'un angle double, et par conséquent redeviennent les mêmes après un demi-jour. De là résultent trois espèces d'oscillations différentes, et dont les périodes sont les mêmes que celles des termes qui les produisent. L'accroissement du rayon du sphéroïde étant donné par une équation linéaire, ces oscillations se superposent sans se confondre, ce qui permet à l'auteur de les considérer séparément.

Il examine d'abord les premières, en supposant la terre un ellipsoïde de révolution, ce qui rend la profondeur de la mer fonction de la latitude seulement; et il fait voir que si l'astre attirant est assez éloigné, on peut calculer ces oscillations comme si la profondeur de la mer étoit à très-peu près constante. La partie de ces oscillations, qui dépend du mouvement des nœuds de l'orbe lunaire, peut être très-considérable ; mais l'auteur démontre que ces grandes oscillations sont presque entièrement anéanties par les résistances que la mer éprouve dans ses mouvemens, et qu'elles sont à fort peu près les mêmes que si la mer se mettoit à chaque instant en équilibre sous l'astre qui l'attire. Ce résultat est d'autant plus exact, que l'astre attirant se meut avec plus de lenteur dans son orbite ; l'erreur est par conséquent insensible pour le soleil, et les observations faisant reconnoître que les oscillations de cette classe sont très-petites, on peut employer la même considération pour la lune, malgré la rapidité de son mouvement.

Passant aux oscillations de la seconde espèce, l'auteur développe les termes qui les produisent, lesquels dépendent principalement du mouvement de rotation de la terre. Cette observation est ici très-importante, et devient même indispensable pour qu'on puisse déduire de ces termes une loi de profondeur de la mer. Elle donne le moyen d'exprimer d'une manière fort simple les oscillations de cette espèce, lorsque le sphéroïde est de révolution. De ces oscillations dépend la différence des marées d'un même jour ; et, pour que cette différence soit très-petite, comme les observations l'indiquent, il faut que la profondeur de la mer soit à peu près constante. L'auteur détermine, dans cette hypothèse, les oscillations qu'il vient d'examiner.

Il calcule dans la même supposition les oscillations
de la troisième espèce; observant ensuite que les résistances éprouvées par la mer dans ses mouvemens,
rendent celles de la première espèce indépendantes
de la loi de sa profondeur, il en conclut qu'il suffit
de considérer les lois de la profondeur de la mer
dans lesquelles on peut déterminer à la fois les oscillations de la seconde et de la troisième espèce ; ce
qui se réduit à supposer la profondeur de la mer à
peu près constante. Il donne, dans cette hypothèse,
l'expression numérique des oscillations et du flux et
reflux de la mer dans diverses suppositions sur sa
profondeur. En augmentant cette dernière quantité,
les oscillations de la troisième espèce approchent
très-rapidement d'être les mêmes, que si la mer se
mettoit à chaque instant en équilibre sous l'astre
attirant; mais, en comparant avec les observations
les conséquences qui résultent de cette supposition,
l'auteur prouve qu'elle ne peut être admise, et il
en conclut qu'il est indispensable, dans la théorie du
flux et du reflux de la mer, d'avoir égard au mouvement de rotation de la terre et à celui des astres
attirants dans leur orbite.

On a vu précédemment qu'en supposant la terre
immobile et la profondeur de la mer constante, la
stabilité de l'équilibre de la mer exige que la densité soit plus petite que la moyenne densité de la
terre. L'auteur généralise ce théorème, et fait voir
qu'il a lieu quels que soient la loi de profondeur de la
mer et le mouvement de rotation de la terre ; en
sorte que cette condition est nécessaire et suffisante

pour mettre un frein à la fureur des flots. Les observations nous apprennent qu'elle est remplie; on
en doit conclure que si, comme il est difficile d'en
douter, la mer a recouvert autrefois des continens
aujourd'hui fort élevés au dessus de son niveau, il
en faut chercher la cause ailleurs que dans le défaut
de stabilité de son équilibre. Ce résultat est sans
doute un des plus beaux que l'analyse ait fait connoître.

Après avoir, dans ce qui précède, déterminé les
oscillations de la mer, en supposant la terre un
sphéroïde de révolution, l'auteur se rapproche du
cas de la nature, en donnant à la terre une figure
quelconque, et il établit les équations des mouvemens de la mer, quelle que soit la loi de sa profondeur. Dans ce cas, les oscillations de la première
espèce, presqu'anéanties par les résistances que la
mer éprouve, seront les mêmes que précédemment.
Relativement aux autres oscillations, l'auteur se
propose de déterminer les lois de la profondeur de
la mer, dans lesquelles elles peuvent être nulles
pour toute la terre; pour y parvenir, il égale à
zéro la variation qu'elles introduisent dans le rayon
du sphéroïde, et il en déduit, 1.° que les oscillations de la seconde espèce ne peuvent disparoître
pour toute la terre, que dans le cas seul où sa profondeur est partout la même; 2.° que la disparition
des oscillations de la troisième espèce supposeroit la
profondeur de la mer infinie à l'équateur, et nulle
au pôle; en sorte qu'il n'y a aucune loi admissible
qui puisse les rendre nulles pour toute la terre.

L'auteur, appliquant ensuite au cas général où la profondeur de la mer est quelconque, l'analyse dont il a fait usage quand le sphéroïde recouvert est de révolution, obtient l'expression approchée de la hauteur à laquelle les actions du soleil et de la lune élèvent les molécules de la mer au dessus de sa surface d'équilibre; et cette formule, beaucoup plus générale que les précédentes, embrasse aussi un grand nombre de phénomènes, que la nature nous présente, et qui échappent au cas où la profondeur de la mer n'est fonction que de la latitude: telle est la différence observée entre l'heure de la marée et le passage au méridien de l'astre qui la produit, différence qui peut et doit être variable pour différens ports. Mais, malgré sa généralité, la formule précédente ne satisfait pas encore à toutes les observations, et l'on n'en doit pas être étonné, quand on considère l'irrégularité des contours de l'Océan, et la variété des résistances qu'il éprouve; toutes causes qu'il est impossible de soumettre au calcul, et qui doivent modifier les oscillations de cette masse fluide. L'auteur conclut de ces observations, qu'il faut se borner à analyser les phénomènes généraux résultants des attractions du soleil et de la lune, et tirer des observations, les données indispensables pour compléter, dans chaque port, la théorie du flux et du reflux de la mer.

Conformément à ces vues, il reprend les valeurs obtenues précédemment pour les forces qui animent les molécules de la mer, et il les décompose en trois autres; la première, dirigée suivant le rayon terrestre ; la seconde, perpendiculaire à ce rayon, et dans le plan du méridien ; la troisième, perpendiculaire à ce plan. Considérant ensuite l'action du soleil, supposé mu uniformément dans le plan de l'équateur, et toujours à la même distance du centre de la terre, l'auteur observe que les forces résultantes de cette attraction sont composées de deux parties ; l'une indépendante du temps, et constante pour les molécules situées à la même latitude ; l'autre, dépendante du mouvement de la terre et de la position de l'astre dans son orbite ; et comme les parties constantes de ces forces ne font qu'altérer un peu la figure permanente que prendroit la mer, en vertu du mouvement de rotation de la terre, l'auteur se borne à considérer les parties variables qui donnent naissance aux oscillations du fluide. Il établit ensuite ce principe général, que l'état d'un système de corps dans lequel les conditions initiales du mouvement ont disparu en vertu des résistances qu'il éprouve, est périodique ainsi que les forces qui l'animent ; et comme les forces variables dont nous venons de parler redeviennent les mêmes après un demi-jour, il en conclut qu'il doit y avoir un flux et un reflux dans cet intervalle : il suit encore de là que si l'on conçoit une courbe dont les abscisses représentent le temps, et les ordonnées les hauteurs correspondantes de la mer, la partie de la courbe correspondante à l'abscisse qui représente un demi-jour, déterminera la courbe entière qui sera la répétition indéfinie de cette première partie. Pour déterminer cette courbe, l'auteur conçoit un second

soleil parfaitement semblable au premier, et mu de
la même manière dans le plan de l'équateur, avec
cette seu'e différence qu'il précède le premier soleil
d'un certain angle. Après avoir évalué les forces qui
résultent de l'action de ce second soleil, l'auteur en
imagine un troisième dont il détermine la masse et
la position, et qui feroit à lui seul le même effet
que les deux autres ; et comme, toutes choses égales
d'ailleurs, l'élévation de la mer doit être proportionnelle à la masse des astres qui la produisent, il obtient facilement la hauteur correspondante à ce troisième soleil, en fonction de la hauteur que produi-
roit le premier soleil dans la même position. Mais
par la nature des oscillations infiniment petites qui se
superposent sans se confondre, la hauteur de la mer
due aux actions des deux premiers soleils, est égale
à la somme des hauteurs que chacun d'eux produi-
roit séparément. En égalant cette somme à celle que
donne l'hypothèse du troisième soleil, il en résulte
une équation linéaire aux différences finies entre trois
ordonnées de la courbe des hauteurs de la mer. L'auteur satisfait à cette équation par le théorème de
Taylor, et il en déduit l'expression de la hauteur de
la mer qu'il construit d'une manière très-élégante.
Cette expression renferme deux arbitraires, dont la
première dépend de la grandeur de la marée totale
dans le port que l'on considère, et dont la seconde
dépend de l'heure de la marée, ou du temps dont
elle suit le passage du soleil au méridien.

Il semble au premier coup-d'œil que l'heure de la
marée devroit coïncider avec celle du passage au mé-

ridien de l'astre qui la produit ; et cela auroit lieu,
en effet, si la terre étoit un sphéroïde de révolution ;
mais il n'en doit pas être ainsi dans la nature. Pour
en sentir la raison, il faut observer que les phénomènes des marées sont très-sensibles dans une grande
masse fluide, parce que les impressions que reçoit
chaque molécule s'y communiquent à la masse entière, et doivent être peu sensibles dans des lacs et
dans de petites mers, telles que la mer Caspienne
et la mer Noire. Si donc on conçoit un large canal
communiquant avec la mer, et s'avançant fort loin
dans les terres sous le méridien de son embouchure,
le flux et le reflux propres à ce canal y seroient insensibles ; mais il n'en seroit pas de même de celui
qui auroit lieu à son embouchure ; et les ondulations
produites à cette extrémité se propageant successi-
vement dans toute la longueur du canal, formeroient
à chacun de ses points un flux et un reflux soumis aux
mêmes lois, mais dont les heures retarderoient à mesure que les points seroient plus éloignés de l'embouchure.

L'auteur considère ensuite l'action de la lune. En
la supposant mue uniformément dans le plan de l'é-
quateur, et toujours à la même distance du centre
de la terre, il est clair qu'il doit en résulter un flux
et un reflux semblable à celui que produit le soleil :
l'auteur l'évalue de la même manière, et, réunissant
ces deux oscillations qui, étant très-petites par rapport au rayon terrestre, se superposent sans se confondre, il en déduit pour la hauteur totale de la marée une expression qui, d'après ce qui a été dit plus

haut, renferme quatre constantes arbitraires. Cette
hauteur est la plus grande, lorsque les deux marées
lunaire et solaire coïncident ; elle est la plus petite,
lorsque la haute mer de l'astre qui produit le plus
grand effet, coïncide avec la basse mer de l'autre.
Si donc la marée solaire l'emportoit sur la marée lunaire, le maximum et le minimum auroient lieu à la
même heure du jour ; dans le cas contraire, la plus
petite marée auroit lieu à l'instant de la basse mer
solaire, et suivroit par conséquent d'un quart de jour
l'heure de la plus grande marée. Ceci fournit à l'auteur un moyen simple de reconnoître laquelle des
deux actions lunaire et solaire est la plus grande ;
toutes les observations faites dans nos ports concou-
rent à faire voir que c'est la première.

Si l'on considère comme ci-dessus un large canal
communiquant avec la mer, il est visible qu'il fau-
dra un certain temps aux oscillations qui auront lieu
à son embouchure pour le propager jusqu'à son extrémité, et, suivant que ce temps se rapprochera plus
ou moins d'être égal à un nombre exact de jours lunaires ou solaires, les marées lunaires ou solaires à
cette extrémité se rapprocheront aussi plus ou moins
de l'heure du passage au méridien des astres qui les
produisent. On voit par là combien il est nécessaire
dans la théorie des marées d'avoir égard aux circonstances locales du port ; et la considération de la
courbe des hauteurs de la mer, en introduisant des
arbitraires dépendantes de ces circonstances, forme
un moyen très-simple d'y avoir égard. L'auteur fait
voir qu'il est nécessaire d'en tenir compte pour pou-

voir déterminer, par les phénomènes des marées, les forces attractives du soleil et de la lune. Il applique ensuite ces formules au cas où le canal dont nous avons parlé plus haut auroit deux embouchures tellement situées, que la haute mer eût lieu à la première, en même temps que la basse mer à la seconde, et réciproquement; et il fait voir que si les deux marées mettent le même temps à parvenir à l'extrémité du canal, il n'y aura point de flux et de reflux à cette extrémité, en vertu des oscillations dont la période est d'un demi-jour. Ce cas singulier, qui dépend entièrement des circonstances locales, a été observé à Batsha, port du royaume de Tunquin, et dans quelques autres lieux. L'auteur considère ensuite le cas où le soleil et la lune, toujours mus dans le plan de l'équateur, seroient assujettis à des inégalités dans leurs mouvemens et dans leurs distances; et enfin il passe au cas de la nature, dans lequel il faut avoir égard aux déclinaisons de ces astres. Il fait voir que ce cas général peut, ainsi que les précédens, être ramené à celui de plusieurs astres mus uniformément dans le plan de l'équateur, mais à des distances différentes du centre de la terre, et avec des mouvemens différens dans leurs orbites. Réunissant ces actions partielles, il en conclut la hauteur de la marée due aux attractions de la lune et du soleil, dans le cas de la nature où ces astres se meuvent dans des orbites inclinés à l'équateur.

Cette expression donne lieu à deux sortes de phénomènes, les uns relatifs aux hauteurs des marées, les autres relatifs à leurs intervalles. Pour les comparer aux observations, l'auteur les considère à leur maximum vers les sygigies, et à leur minimum vers les quadratures. Les observations dont il a fait usage sont tirées d'un recueil de celles qui ont été faites à Brest, sur l'invitation de l'Académie des sciences, pendant six années consécutives, et l'auteur a discuté avec le plus grand soin toutes celles qu'il a employées.

Parmi les phénomènes que nous présente le système du monde, il en est peu qui soient plus importans que le flux et le reflux de la mer; non-seulement sa connoissance précise intéresse les travaux journaliers des ports, elle est encore utile pour prévenir les accidents qui pourroient résulter des inondations produites par les grandes marées vers les sysigies. Ce résultat des attractions célestes a encore l'avantage précieux de servir à confirmer de la manière la plus positive la théorie de la pesanteur universelle; et c'est ce que l'auteur a surtout pris soin d'établir, en faisant ressortir avec habileté l'accord frappant des observations avec la théorie. Il résulte de cette comparaison qu'à Brest, l'influence de la lune sur les phénomènes des marées est à peu près triple de celle du soleil. Dans ce chapitre, qui est un des plus intéressans de l'ouvrage, l'auteur a rassemblé tout ce qui pourroit être utile pour la théorie du flux et du reflux dans les différens ports, et il a indiqué aux observateurs les phénomènes qu'il importe de suivre, et dont les élémens sont encore enveloppés d'erreurs; enfin on trouveroit difficilement un plus beau modèle de l'art important qui consiste à bien discuter les phénomènes, et à faire ressortir par des combinaisons adroites ceux que l'on veut examiner.

L'auteur, dans le premier livre, a donné les équations du mouvement de l'atmosphère, en n'ayant égard qu'aux causes régulières qui agissent sur elle comme sur l'océan. Il reprend ces équations, et, les comparant à celles du mouvement de la mer, il en déduit que les oscillations de ces deux masses fluides peuvent être déterminées par la même analyse. Il considère ensuite les oscillations du baromètre, résultantes de l'attraction de la lune et du soleil, et il fait voir qu'en supposant ces deux astres en conjonction ou en opposition dans la plan de l'équateur et dans leurs moyennes distances, la différence entre la plus grande élévation et la plus grande dépression du mercure dans le baromètre est à fort peu près à l'équateur égale à six dix millièmes de mètre ; quantité fort petite, mais susceptible cependant d'être déterminée par une longue suite d'observations faites entre les tropiques où la température est peu variable. La même cause doit exciter dans l'atmosphère un vent correspondant au flux et au reflux de la mer ; l'auteur en détermine la force à l'équateur dans les suppositions précédentes. Cette force est composée de deux parties ; l'une, arbitraire et constante, dépend du mouvement initial de l'atmosphère ; l'autre dépend du mouvement de rotation de la terre, et de celui des astres attirans dans leurs orbites. Si la partie arbitraire n'étoit pas nulle, il en résulteroit à l'équateur un vent constant, et l'on pourroit attribuer à cette cause les vents alizés ; mais l'auteur observe que, pour l'atmosphère comme pour la mer, les circonstances du mouvement primitif ont dû bientôt disparoître par les résistances que ces fluides éprouvent : la constante arbitraire dont il s'agit ici est donc nulle ; et comme l'autre partie de ces oscillations ne peut produire dans les oppositions ou dans les conjonctions qu'un vent très-peu considérable, et dont la vitesse excède à peine soixante et quinze millimètres par seconde, l'auteur en conclut avec certitude que l'action du soleil et de la lune ne peut pas produire les vents alizés, auxquels il faut par conséquent assigner une autre cause.

LIVRE CINQUIÈME.

Les mouvemens des corps célestes autour de leurs propres centres de gravité ont le plus grand rapport avec leur figure et les oscillations des fluides qui les recouvrent ; l'auteur considère ces mouvemens dans le cinquième livre. Il reprend d'abord les équations précédemment obtenues pour le mouvement d'un corps solide de figure quelconque ; il détermine et introduit dans ces équations les momens d'inertie du sphéroïde par rapport à ses axes principaux. Ces momens s'obtiennent sous une forme très-simple, au moyen du développement du rayon du sphéroïde, dans une suite de fonctions d'un genre particulier dont on a vu le fréquent usage ; et il en résulte que si le second terme de ce développement est nul, les trois momens d'inertie sont égaux entr'eux. Or, ce second terme est donné par l'intégration d'une équation aux différences partielles du second ordre ; d'où l'auteur conclut que l'égalité des trois momens d'inertie n'est pas particulière à la sphère, et qu'il y a une infinité de solides qui jouissent de cette propriété, et dont tous les axes sont aussi des axes principaux. Il examine ensuite le cas où le sphéroïde seroit composé de couches concentriques, de densités variables, et il donne l'expression des momens d'inertie dans cette hypothèse.

Si l'on conçoit un astre qui agisse sur la terre, qu'on évalue l'action de cet astre sur chacune des molécules qui la composent, et qu'on en retranche l'action du même astre sur le centre de gravité de cette planète, on aura les forces perturbatrices du mouvement de la terre autour de son centre de gravité. L'auteur substitue ces résultats dans l'équation du mouvement des corps solides, et, par une analyse très-adroite, il les réduit à une forme très-simple, dans le cas où l'astre attirant est fort éloigné : il prouve ensuite, d'une manière aussi simple qu'élégante, que ces équations seroient encore très-approchées si l'astre attirant étoit fort près de la terre, pourvu que la figure de cette planète fût elliptique, parce que, dans ce cas comme dans le précédent, les développemens des forces perturbatrices se réduisent à leur premier terme ; d'où il suit que l'on peut calculer les mouvemens de l'axe de la terre dans l'hypothèse elliptique, sans craindre aucune erreur.

L'auteur substitue dans les équations précédentes de nouvelles coordonnées rapportées à un plan fixe qui est celui de l'écliptique à une époque donnée ; il en résulte d'abord que si le sphéroïde attiré est de

révolution, l'axe instantané de rotation fait un angle
constant avec le troisième axe principal. S'il y a une
petite différence entre les momens d'inertie relatifs
aux deux premiers axes, cet angle renferme des inégalités périodiques; mais l'auteur prouve qu'elles
sont insensibles, parce que les termes qui les produisent, déja très-petits par eux-mêmes, n'acquièrent
pas de petits diviseurs par les intégrations; dans ce
cas, le mouvement du corps autour de son troisième
axe principal peut être regardé comme égal à sa vitesse angulaire de rotation autour de cet axe. Après
avoir fait ces observations, l'auteur développe les
termes dépendants des forces perturbatrices en séries
de sinus et co-sinus d'angles croissants proportionnellement. Ces forces résultent évidemment de l'action du soleil et de la lune sur le sphéroïde terrestre.
Il discute soigneusement ces termes pour connoître
ceux qui, restant toujours très-petits, peuvent être
négligés, et ceux que les intégrations rendent sensibles, et auxquels il est nécessaire d'avoir égard.
Enfin, intégrant ces résultats, il obtient l'expression variable de l'inclinaison de l'équateur terrestre
à l'écliptique fixe, et le mouvement sur la même
écliptique du nœud de cet équateur. Pour compléter
ces expressions, il seroit nécessaire d'y ajouter les
parties dépendantes du mouvement initial de la
terre; l'auteur les évalue, et, les comparant aux
observations, il prouve qu'elles sont insensibles, et
qu'il est par conséquent inutile d'y avoir égard. La
partie variable des valeurs précédentes s'évanouit
quand les momens d'inertie du corps sont égaux

entr'eux ; d'où il suit que, dans ce cas, l'équateur terrestre resteroit toujours parallèle à lui-même, en vertu des actions réunies du soleil et de la lune. C'est ce qui auroit lieu, si la terre étoit sphérique ; en sorte que les variations du mouvement de son équateur sur l'écliptique fixe sont une suite de son aplatissement.

L'auteur rapporte ces mouvemens à l'écliptique vraie, qui est elle-même mobile sur l'écliptique fixe, en vertu des forces perturbatrices du mouvement elliptique. Il en résulte que sans l'aplatissement du sphéroïde terrestre, la variation de l'obliquité de l'écliptique vraie à l'équateur seroit beaucoup plus grande, et qu'elle est réduite à peu près au quart de sa valeur par le mouvement de l'équateur qui résulte de cet aplatissement, et des actions réunies de la lune et du soleil. La même cause diminue également la variation de l'année qui auroit lieu par le seul mouvement de l'écliptique, et la réduit pareillement au quart à peu près de sa valeur. Enfin, l'auteur discute les variations qui résultent de toutes ces actions dans la durée du jour moyen et le mouvement de rotation de la terre, et il fait voir qu'elles sont insensibles.

L'analyse précédente suppose la terre entièrement solide ; mais elle est recouverte d'un fluide dont les oscillations peuvent influer sur les mouvemens de l'axe de la terre, et par conséquent sur ceux de son équateur. L'auteur se propose d'examiner cette influence, et de voir si les résultats précédens n'en sont point altérés ; et comme le fluide agit sur le sphéroïde terrestre par sa pression et son attraction, il considère séparément ces deux effets.

Il observe d'abord que, dans l'état d'équilibre, la pression et l'attraction de l'Océan ne produisent aucun mouvement dans l'axe de rotation de la terre. Il ne faut donc avoir égard qu'à la pression et à l'attraction de la couche aqueuse qui, par les attractions du soleil et de la lune, se dépose sur la surface d'équilibre de la mer. L'auteur évalue ces forces, les substitue dans les équations du mouvement des corps solides, les développe, et fait voir qu'elles sont les mêmes que si la mer formoit une masse solide avec le sphéroïde qu'elle recouvre.

L'analyse précédente, quoique très-générale, suppose que la mer recouvre en entier le sphéroïde terrestre, que sa profondeur est régulière, et qu'elle n'éprouve point de résistances de la part du sphéroïde qu'elle recouvre. Ces suppositions peuvent faire douter que les résultats précédens aient lieu dans le cas de la nature. L'auteur en donne une seconde démonstration indépendante de ces hypothèses.

Pour la comprendre, il faut se rappeler le principe des aires, qui a ici l'avantage d'être également vrai, quand le système éprouve des changemens de mouvemens brusques, comme cela a lieu pour la mer, quand elle vient se briser contre les rivages. Si le corps est soumis à l'action de forces étrangères, la somme des aires décrites pendant l'élément du temps, n'est plus une quantité constante; mais il est aisé d'obtenir sa variation qui est évi-

demment indépendante de la liaison mutuelle des
parties du système. Cela posé, si l'on conçoit une
masse en partie fluide et en partie solide, dérangée
de l'état d'équilibre par l'action de forces très-petites qui laissent en repos son centre de gravité, la
somme des aires, décrites pendant l'élément du
temps, sera, aux quantités près du second ordre,
la même que si la masse eût été entièrement solide.
De là, il suit qu'après un temps quelconque la somme
des aires sera encore la même dans les deux hypothèses.

Cela posé, considérant la terre comme un sphéroïde de révolution, très-peu différent d'une sphère,
et recouvert d'un fluide de peu de profondeur, l'auteur évalue la somme des aires dans les deux cas
dont nous avons parlé, et, égalant ces deux sommes
entr'elles, il en déduit que les mouvemens de la
terre autour de son centre de gravité, sont les mêmes
que si la mer formoit avec elle une masse solide. Il
étend ensuite cette démonstration au cas où la terre
a une figure quelconque.

Après avoir établi ce beau théorème, l'auteur
examine si les vents alizés, qui soufflent constamment d'occident en orient entre les tropiques,
n'altèrent pas le mouvement de rotation de la terre
par leur choc contre les continens et les montagnes
qu'ils rencontrent ; mais le principe des aires fait
bientôt voir que ces vents, produits par la chaleur
solaire, ne sauroient produire un pareil effet, puisque cette chaleur, dilatant également les corps dans
tous les sens, la somme des aires n'en est pas alté-

rée ; en sorte que tandis que les vents alizés, qui ont lieu à l'équateur, diminuent le mouvement de rotation de la terre, les autres mouvemens de l'atmosphère, qui ont lieu au delà des tropiques en vertu de la même cause, accélèrent ce mouvement de la même quantité. L'auteur applique ce raisonnement aux tremblemens de terre, aux torrens, et en général à tout ce qui peut agiter la terre dans son intérieur et à sa surface, et il en conclut que ces causes ne troublent en rien le mouvement de rotation de la terre, qui ne pourroit être altéré que par le déplacement de ces parties ; mais cet effet, pour être sensible, supposeroit de grands changemens dans la constitution intérieure de la terre.

La constance du mouvement de rotation de la terre est de la plus grande importance, puisque c'est d'elle que dépend la durée des jours. Ce théorème et les recherches précédentes de l'auteur, dans lesquelles il détermine l'effet de la réaction des eaux de la mer sur l'axe de la terre, sont bien propres à prouver l'étendue et la puissance de l'analyse.

Pour comparer les formules précédentes avec les observations, l'auteur en déduit les expressions numériques de la longitude du nœud de l'équateur sur l'écliptique fixe et sur l'écliptique vraie, ainsi que l'obliquité de cet équateur par rapport aux mêmes plans. Il est visible que cette obliquité fait connoître immédiatement l'inclinaison de l'axe de la terre sur l'écliptique.

Ces mouvemens rétrogrades des nœuds de l'équateur sur l'écliptique produisent la *précession des équinoxes* dont les formules précédentes déterminent la position.

Parmi les inégalités que renferme l'inclinaison de l'axe de la terre, il en est une principalement remarquable qui dépend de la longitude du nœud de l'orbe lunaire, et que les astronomes ont nommé *nutation*. La valeur de cette inégalité dans les formules précédentes ne diffère pas de deux secondes de celle que les observations font connoître.

La nutation de l'axe de la terre donne lieu aux variations des étoiles en ascension droite et en déclinaison ; l'auteur donne les formules nécessaires pour les déterminer.

Les résultats précédens ont été obtenus en négligeant les quarrés des excentricités et des inclinaisons des orbites. En conservant ces quantités, les termes qui écartent la terre de la figure de révolution disparoissent, et il en résulte que les phénomènes de la précession et de la nutation sont les mêmes que si la terre étoit un ellipsoïde de révolution, dont l'aplatissement seroit moindre que $\frac{1}{305}$, ce qui s'accorde d'une manière remarquable avec les résultats déduits des observations du pendule.

Enfin l'auteur réunit les résultats obtenus par le développement des rayons terrestres, et fait voir leur accord entr'eux et avec la théorie de la pesanteur universelle ; il traite ensuite des mouvemens de la lune autour de son centre de gravité.

Les observations ont fait connoître que la lune

tourne autour de la terre, en lui présentant toujours
à peu près la même face ; que l'équateur et l'orbite
lunaire sont peu inclinés à l'écliptique; et que le
nœud ascendant de l'orbite coïncide constamment
avec le nœud descendant de cet équateur. L'auteur
se propose de chercher ce qui résulte à cet égard
des attractions de la terre et du soleil sur le sphéroïde lunaire.

Pour cela, il applique à la lune les équations
dont il a fait usage pour déterminer le mouvement
de la terre autour de son centre de gravité ; et,
après y avoir introduit les circonstances comportées
par l'état de la question, il en déduit la différence
du mouvement de rotation de la lune à son moyen
mouvement de révolution. Cette différence, obtenue
par l'intégration d'une équation différentielle du
second ordre, est entièrement composée de quantités périodiques, et contient deux constantes arbitraires ; en sorte qu'il en résulte une libration dont
l'étendue est aussi arbitraire : d'où l'auteur conclut
que le moyen mouvement de rotation de la lune est
exactement égal à son moyen mouvement de révolution. Il observe aussi que, pour que cette égalité
subsiste, il n'est pas nécessaire qu'elle ait été rigoureusement exacte au commencement du mouvement,
ce qui est peu probable ; il suffit qu'à cette époque,
la différence entre la vitesse de rotation et la vitesse
de révolution de la lune ait été comprise entre la
plus grande et la plus petite des valeurs dont cette
quantité périodique est susceptible ; alors l'attraction de la terre, ramenant sans cesse vers cette

planète le sphéroïde lunaire, a suffi pour rendre
cette égalité rigoureuse, à peu près comme la pesanteur ramène sans cesse vers la verticale un pendule qu'on en a écarté. Les trois premiers satellites
de Jupiter offrent l'exemple d'un cas semblable.

La partie arbitraire de la libration n'a pas été
reconnue par les observations, d'où il suit qu'elle
est peu considérable. Il faut encore, pour la stabilité
de l'équilibre, que les quantités qui multiplient le
temps sous les signes périodiques soient réelles, car
si elles étoient imaginaires, les argumens qui en
dépendent se changeroient en exponentielles et en
arcs de cercle susceptibles de croître indéfiniment ;
ou du moins la plus légère cause pourroit les y introduire. La condition de cette réalité nécessite que
celui des axes principaux de la lune, qui est dirigé
vers la terre, soit le plus grand.

Reprenant les équations précédentes, l'auteur y
introduit de nouvelles variables, qui sont les sinus
des angles que font les axes principaux situés dans
le plan de l'équateur, avec l'écliptique fixe à laquelle
on rapporte les mouvemens du système. Il intègre
ensuite ces équations, ce qui introduit quatre nouvelles constantes arbitraires. Ces intégrales déterminent les mouvemens des axes principaux, et par
conséquent de l'équateur lunaire sur l'écliptique fixe :
en les rapportant au plan de l'écliptique mobile, les
quantités dépendantes du mouvement séculaire de
ce dernier plan disparoissent ; d'où il résulte que le
mouvement de l'équateur lunaire sur l'écliptique
vraie, est indépendant du mouvement de cette éclip-

tique ; en sorte que l'inclinaison moyenne de ces deux plans est une quantité constante. Au moyen des expressions précédentes, l'auteur obtient la valeur de la tangente que fait le premier axe principal situé dans le plan de l'équateur lunaire avec le nœud de cet équateur. Si l'on suppose d'abord nulles les arbitraires que contient cette tangente, on voit qu'elle répond à deux angles différens, mais dont un seul est admissible, parce qu'il satisfait aux observations sur la coïncidence du nœud descendant de l'équateur lunaire avec le nœud ascendant de l'orbite. Reprenant ensuite le cas général où ces arbitraires ne sont plus nulles, l'auteur démontre qu'elles sont toutes très-petites par rapport à une d'entr'elles ; et de là résulte immédiatement la constance de l'inclinaison de l'équateur lunaire à l'écliptique vraie ; d'où l'on voit que le phénomène de la coïncidence des nœuds de l'équateur et de l'orbite lunaire, et celui de la constance de l'inclinaison de l'écliptique à ce même équateur, sont liés l'un à l'autre par la théorie de la pesanteur, qui est ainsi admirablement confirmée par les observations qui font connoître simultanément ces deux résultats.

Les formules précédentes donnent trois conditions relatives aux limites des momens d'inertie du sphéroïde lunaire. En les comparant avec celles que donne la théorie de la figure de ce sphéroïde, l'auteur fait voir que ces conditions ne peuvent être satisfaites, ni en supposant la lune homogène et fluide, ni en la supposant formée de couches primitivement fluides et de densités variables ; d'où il conclut que la lune n'a point la figure qu'elle auroit prise, si elle avoit été primitivement fluide. Il considère ensuite l'action du soleil sur le sphéroïde lunaire, et prouve qu'elle est insensible par rapport à l'action de la terre sur ce satellite.

Il restoit à considérer le mouvement des anneaux de Saturne autour de leurs centres de gravité, et à développer la cause qui les retient dans un même plan, malgré les actions du Soleil et des satellites de Saturne. Tel est l'objet du dernier chapitre de l'ouvrage.

Pour y parvenir, l'auteur évalue les forces qui agissent sur ces anneaux. Ces forces sont l'action de Saturne, et celle d'un astre éloigné, tel que le Soleil. Il les substitue dans les équations du mouvement des corps solides dont il a déja fait usage dans les chapitres précédens, et il en déduit trois autres équations fort simples, dont la première indique que le corps tourne uniformément, et à très-peu près, autour d'un de ses axes principaux. Pour intégrer les deux dernières, l'auteur introduit, comme il l'a déja fait, de nouvelles variables qui sont les sinus des angles que font avec l'équateur de Saturne, les axes principaux des anneaux qui sont situés dans leurs plans. L'intégration lui donne, pour ces variables, des valeurs périodiques, renfermant quatre arbitraires et un terme qui dépend de la figure de Saturne. Il faut donc, pour que ces variables restent toujours très-petites, ce qui est le cas de la nature, que les coéfficients des quantités périodi-

ques dont elles sont composées soient eux-mêmes
très-petits ; et c'est ce qui n'auroit pas lieu, comme
le fait voir l'auteur, si la figure de Saturne étoit
sphérique. Il faut donc que Saturne soit aplati à
ses pôles ; et en effet, en introduisant cette circonstance dans le calcul, on voit que le terme de
l'inclinaison des axes, qui dépend de la figure de
Saturne, reste toujours très-petit et insensible, tant
que Saturne est aplati en vertu d'un mouvement de
rotation, tandis que si cet aplatissement n'existoit
pas, ce même terme seroit très-considérable ; d'où
l'auteur conclut que c'est l'action du sphéroïde
aplati de Saturne qui retient les anneaux dans un
même plan, en vertu de son mouvement de rotation. Telle est la cause de ce phénomène qui avoit
fait reconnoître à l'auteur le mouvement de rotation
de Saturne, avant que le mouvement de ses taches
l'eût fait apercevoir.

Un anneau pouvant être considéré comme une
réunion de satellites, il résulte de ce qui précède
que si les divers satellites d'une planète se meuvent
dans un même plan fort incliné à celui de son orbite, ils y sont maintenus par l'action de son équateur, et qu'ainsi cette planète a un mouvement de
rotation autour d'un axe à peu près perpendiculaire au plan des orbites de ses satellites. De ces
considérations, l'auteur conclut que la planète Ura-
nus, dont tous les satellites se meuvent dans un
même plan presque perpendiculaire à l'écliptique,
tourne rapidement sur elle-même autour d'un axe

très-peu incliné à ce plan. Il est beau de voir ainsi la théorie prévoir avec certitude des phénomènes non encore observés.

Telle est l'esquisse, bien imparfaite sans doute, de la Mécanique céleste. Cet ouvrage, qui honore la nation françoise, est du petit nombre de ceux qui paroissent à des époques éloignées sur l'horizon des sciences, pour y répandre une lumière que le temps et l'ignorance ne sauroient éteindre.

DES METHODES

pour

LA DÉTERMINATION

d'un

ARC DE MÉRIDIEN;

Par J. B. J. DELAMBRE.

En attendant que l'Institut national publie les détails de la mesure de neuf degrés et quarante minutes de la méridienne qui traverse la France entière et une partie de l'Espagne, opération remarquable, et par son étendue et par la précision avec laquelle elle a été faite ; deux de ses membres viennent de mettre en lumière des méthodes pour la confection de ce grand travail, et elles ne pourront manquer d'obtenir des géomètres et des astronomes l'accueil le plus flatteur et le plus mérité.

Le Mémoire du C. Le Gendre est purement géométrique. Il a pour objet ces quatre points : 1.° la manière de calculer les triangles qui font la partie géodésique de l'opération ; 2.° la méthode la plus avantageuse de calculer l'arc du méridien et ses différentes parties ; 3.° la manière de comparer ces arcs terrestres aux arcs célestes qu'ils soutendent, et qui

sont connus par des observations de latitude très-
exactes ; 4.° enfin celle d'en déduire le quart du méridien terrestre, en supposant la terre elliptique. Le
C. Le Gendre ramène la résolution des triangles qui,
dès que les angles sont réduits à l'horizon, sont des
triangles sphériques, à la trigonométrie rectiligne. Il
emploie pour y parvenir un theorême qu'il avoit
énoncé, mais sans le démontrer, dans les mémoires
de l'académie des sciences pour l'année 1787. Il en
donne aujourd'hui la démonstration dans la 3.e note
qui accompagne son mémoire. Pour cet effet, si dans
un triangle la somme des angles est 180°+*, il
suffit de retrancher de chaque angle ⅓ *, pour réduire la somme à 180°. * indique l'excès sphérique
du triangle, et l'auteur donne une formule pour le
calculer. Mais comme les trois angles observés ne peuvent que très-rarement faire exactement 180°+*, et
qu'ainsi il a toujours une petite correction à faire à
chaque angle, il sera bon de remarquer que si les
trois angles du triangle font réellement ensemble
180.° + *; il suffira de faire à chaque angle la correction de ⅓ *, sans s'embarrasser de l'excès sphérique ;
et le beau théorême du C. Legendre reste également
applicable.

Dans le calcul de la méridienne, l'auteur n'emploie pas la méthode usitée jusqu'ici, en abaissant
des différentes stations des perpendiculaires sur la
méridienne, et en calculant les parties interceptées.
Voici l'idée de la sienne :

La chaine des triangles coupe la méridienne en
différens points. On peut en prolonger les côtés jus-

qu'à ce que ceux-ci la rencontrent. On forme ainsi
des triangles, dans lesquels on connoît toujours ce
qu'il faut d'angles et de côtés pour les résoudre. On
résoud par la méthode du premier article ceux qui
sont nécessaires pour connoître tous les interralles
de la méridienne que ces côtés (prolongés s'il est
nécessaire) interceptent, et l'on connoît enfin la longueur totale de la méridienne, et de plus les angles
que plusieurs de ces côtés font avec elle, c'est-à-dire,
les azimuths. Par-là même, on peut examiner si l'a-
zimuth observé de quelque côté s'accorde avec celui
qui résulte du calcul, vérification précieuse à plusieurs égards. La quatrième note est destinée à cet
objet, ainsi qu'à la considération de la perpendiculaire à la méridienne.

Le dernier objet du mémoire est, comme nous l'a-
vons dit, le calcul de la méridienne même, en comparant la mesure géodésique à l'astronomique. L'auteur
donne les équations qui ont lieu entre les longueurs
des arcs et les latitudes de leurs extrémités ; mais il
emploie, comme principe de sa solution, une formule qu'il a donnée dans un mémoire inséré parmi
ceux de l'académie des sciences pour l'année 1789,
formule qu'il faut pouvoir se rappeler, ou dont il
faut supposer la vérité, puisqu'elle est le fondement
de tout le reste du mémoire. On auroit desiré, peut-
être, trouver ici sur ce principe quelques développemens qui auroient servi à mettre cette partie si intéressante du travail du C. Legendre à la portée du
plus grand nombre de lecteurs qui ne sont pas par-
venus au point de connoître tout ce qu'un grand

géomètre, par-là même que ces objets lui sont fami-
liers, suppose quelquefois un peu gratuitement, l'être
aussi, ou devoir l'être à tous ceux qui s'appliquent
aux mathématiques. Qu'on nous permette de le dire :
on ne doit point toujours écrire uniquement pour des
savans ; il faut aussi quelquefois songer à ceux qui
cherchent à le devenir : la science y gagneroit sans
doute de toutes les manières. Au reste, comme cette
remarque n'ôte rien du mérite intrinsèque de l'excellent mémoire de Legendre, on voit que nous n'a-
vons eu pour but, en la faisant, que d'exprimer les
regrets de tous ceux qui, comme nous, ne pouvant
le suivre dans ses conséquences, sont obligés d'employer à faire des recherches pour l'entendre, un
temps considérable que quelques lignes de plus leur
auroient épargné ; et le nombre de ces personnes est
d'autant plus considérable, que celui des géomètres
de la force de Legendre est petit.

Le C. Delambre dans son mémoire, où il a réuni
la pratique à la théorie, nous a donné un ouvrage
qui manquoit encore, ouvrage essentiel aux géomètres qui s'occupent des questions relatives à la mesure de la terre, comme à ceux qui, s'appliquant à
la géodésie considérée en grand, veulent y porter la
précision dont elle est susceptible. Il y décrit tous
les moyens dont il a fait usage, tant dans ses observations que dans ses calculs, et il les développe avec
la plus grande clarté. Partout on y reconnoit le géomètre distingué comme le praticien habile.

Savoir à chaque instant appliquer la théorie à l'u-
sage ; trouver toujours dans les ressources de l'analyse

les formules les plus simples et les plus directes ; saisir
d'un coup-d'œil toutes les circonstances qui peuvent
amener dans les résultats quelque incertitude ; ap-
précier avec une sagacité particulière la limite des
erreurs possibles ; déduire adroitement d'un examen
auquel rien n'échappe les corrections dont les observations, pour n'être point fautives, doivent être affectées, voilà ce qui distingue le C. Delambre, et ce
qui assure à son travail ce succès soutenu qui couronne
toujours les ouvrages originaux.

Nous allons parcourir rapidement les principaux
articles que cet ouvrage renferme.

Un observateur doit commencer par connoître l'instrument dont il se sert. Le cercle de *Borda*, que les
CC. Delambre et Méchain ont employé, exige une
correction particulière, parce que la lunette infé-
rieure n'est pas concentrique à la supérieure. Il s'agit
donc de connoître l'erreur qui peut résulter de cette
disposition, pour savoir si elle est telle qu'il faille
employer la correction dans tous les cas, ou s'il en
est où l'on puisse la négliger. C'est le premier objet
que le C. Delambre traite ; et il donne un théorème
très-simple qui se réduit en table pour la pratique.
L'usage du cercle répétiteur exige encore quelques
attentions pour ne pas commettre d'erreur en y li-
sant les angles observés. L'auteur les indique dans
la seconde partie ou dans les *applications*.

On sait qu'il est rare de pouvoir observer au centre
d'une station, et que c'est pourtant à ce centre que
les angles observés doivent être réduits. Mais les méthodes employées jusqu'ici pour cette réduction sont

longues, embarrassantes, incomplètes. Le C. Delambre ayant appliqué l'analyse à cet objet, est par-
venu à une formule simple, qui dispense de toute
figure, et qui n'exige que la mesure d'un seul angle
et d'une seule distance : mais cet angle, qu'on ne
peut connoître qu'en visant au centre, et cette distance qui est celle du centre au point où l'on se trouve,
semblent exiger que le centre soit visible et accessible,
et souvent la charpente des tours ou des clochers y
met obstacle. L'auteur a examiné ce point avec sa sagacité ordinaire, et il a trouvé des formules qui satisfont à tous les cas. Il a indiqué les endroits principaux où il a été obligé d'en faire usage. Cette dis-
cussion est singulièrement intéressante et nouvelle.
Il a fait voir de plus une manière de se placer telle
que la réduction soit nulle, quoique l'on soit hors
du centre. Dans les *applications* qui terminent l'ouvrage, il a ajouté la manière de déterminer les élémens de cette réduction, ainsi que des types de calcul pour les différens cas. Ainsi l'on voit partout le
génie de l'inventeur, et le bon esprit du citoyen qui
veut rendre facile aux autres l'usage de ses inven-
tions.

Non-seulement il faut observer du centre du signal
de la station, il faut encore viser au centre des autres signaux; mais il arrive souvent que le point observé ne se trouve pas dans la direction de l'axe,
soit parce que les objets auxquels on vise ont un diamètre sensible, soit par leur construction irrégulière,
soit par la manière dont le soleil les éclaire. Il faut
alors faire une correction à l'angle observé. Ces con-

sidérations, entièrement nouvelles, sont discutées de manière à satisfaire entièrement les mathématiciens.

Les plans des triangles dont on mesure les angles sont ordinairement inclinés; il s'agit de les réduire à l'horizon. Cette réduction est connue; mais l'auteur simplifie le calcul par des méthodes nouvelles. Il donne encore pour cet objet des tables d'un usage commode, et un exemple de ce genre de calcul dans les *applications*. Et pour ne rien omettre de la précision à laquelle on peut aspirer, il traite à cette occasion de la différence entre l'angle sphérique formé par deux arcs de cercle, et l'angle formé par les cordes de ces arcs. Cette matière est encore éclaircie dans les applications à l'usage des ingénieurs-géographes.

Jusqu'ici nous n'avons parlé que des triangles. Le travail de la mesure des bases a encore fourni matière à des réflexions nouvelles et importantes de la part du C. Delambre. C'est dans l'ouvrage même qu'il faut les lire. On y remarquera de plus la manière dont il fait le calcul pour réduire la base au niveau de la mer.

Les astronomes commissaires se sont encore servi du cercle répétiteur pour observer les distances au zénith. Ces distances observées avant et après le passage de l'astre au méridien, doivent être réduites à ce qu'elles auroient été observées dans le méridien même. Il faut encore évaluer les erreurs qui pourroient résulter de la petite incertitude qui reste dans les élémens employés pour ce calcul, ainsi que de la position de l'instrument, ou de la direction du fil.

Le C. Delambre a discuté tous ces objets. Il en est résulté des formules et des tables commodes, qui trouvent leur explication familière et élémentaire parmi les exemples qui se trouvent aux applications, joignant toujours ainsi la pratique à la théorie, écrivant et pour l'homme instruit et pour celui qui cherche à s'instruire, développant avec une admirable facilité ses raisonnemens et ses méthodes, la plupart nouvelles.

Les observations azimuthales exigent aussi des réductions et des calculs. L'auteur indique la marche qu'il a suivie : dans les applications, il donne un exemple de ces calculs.

Jusqu'ici nous avons suivi l'auteur dans la partie théorique qui sert aux observations. Voyons maintenant sa manière de déduire des observations le calcul de toutes les parties de la méridienne. Cette méthode, entièrement différente de celles qu'on avoit proposées jusqu'ici, est à la fois simple, élégante et rigoureuse ; il la développe de manière que chacun peut suivre le fil de la démonstration. Le problème qu'il s'agit de résoudre dans toute sa généralité est celui-ci : « Etant donnée la latitude « du point extrême d'un arc terrestre, et l'incli- « naison du premier côté des triangles par rapport « à la méridienne, déterminer par le calcul, la « latitude de tous les signaux, leurs azimuths vrais « sur l'horizon l'un de l'autre, leur différence en « longitude d'avec le point de départ ; et enfin l'arc « du méridien intercepté entre les parallèles des « deux signaux extrêmes. » L'auteur en donne la solution, d'abord pour la terre supposée sphérique, ensuite pour le sphéroïde elliptique; et il fait précéder cette seconde partie de l'exposition de plusieurs formules, pour exprimer en fonctions de latitude toutes les parties de l'ellipse du méridien terrestre. Cette méthode rend l'intelligence de ce qui suit bien plus facile aux personnes moins instruites, qu'elle ne le seroit sans cela. Qu'on nous le pardonne; nous prenons toujours un grand intérêt à celles-ci, et l'ouvrage du géomètre le plus illustre a toujours à nos yeux un mérite de plus, quand il est, comme celui-ci, écrit de manière à être entendu aisément. Aussi regrettons-nous que l'auteur, en employant cette méthode si sage de tirer tout du fond de son sujet et des propositions élémentaires, préalablement indispensables pour la lecture d'un pareil mémoire, s'en soit écarté un peu, une seule fois, page 70, en employant une formule de Lagrange, sans citer l'ouvrage où elle se trouve. Cette formule peut n'être pas présente à l'esprit de tous les lecteurs. Nous aimerions que dans un ouvrage aussi excellent que celui dont nous faisons l'analyse, rien ne pût arrêter un lecteur jaloux de s'instruire.

L'opération de la mesure du méridien a servi à faire, au moyen du cercle de Borda, le nivellement de toute l'étendue de pays que les observateurs ont parcourue. Le C. Delambre, qui regarde cet instrument comme le plus parfait des niveaux, a traité cette matière avec beaucoup de précision : il a indiqué en même temps les moyens de déterminer la

réfraction terrestre. Passant ensuite à la différence
de niveau sur le sphéroïde, il a donné des formules
simples et élégantes pour les problêmes que cette
matière présente à résoudre.

Le mémoire est terminé par des formules de réfraction pour les distances au zénit, vraies et appa-
rentes, afin de donner au calcul toute la précision
dont la règle de *Bradley*, que l'auteur a suivie, est
susceptible. Cette partie, toute courte qu'elle est,
est très-intéressante, et les tables qui l'accompagnent
sont commodes et utiles : les applications contien-
nent des exemples du calcul des différences de niveau de la réfraction terrestre, de l'inclinaison de
l'horizon de la mer et de la réfraction astronomique.

L'auteur, qui n'a rien omis de ce qui peut être
utile, et qui a désiré d'éviter aux autres les embar-
ras qu'il a été obligé de surmonter, a ajouté à la
fin de ses *applications* la solution de ce problême
intéressant : « Déterminer si un signal qu'on veut
« élever sera vu en terre ou dans le ciel, et sur
« quel objet il se projettera quand il sera vu du
« pied d'un signal déjà placé. » Et il finit par des
remarques importantes et nouvelles sur la meilleure
condition des signaux.

Nous avons rendu compte des objets majeurs que
ce mémoire renferme ; mais on trouve dans les détails, des beautés qu'il seroit bien difficile de faire
ressortir dans un simple extrait, ainsi que la solution de quelques problêmes, ou la démonstration
de plusieurs théorêmes qui s'y trouvent par occasion.
Un des problêmes les plus intéressans, dont l'auteur

avoit déja donné la solution dans le traité de trigonométrie de Cagnoli, mais qu'il présente ici avec
des détails particuliers, est celui-ci : « Si l'on vise
« d'un point quelconque trois points donnés de
« position, déterminer par le calcul les triangles
« que ce point fait avec les trois côtés du triangle
« donné, et conséquemment sa position par rapport
« à ce triangle. » Ce problème est d'une grande utilité, et nous avons été souvent dans le cas de l'employer. Si notre mémoire ne nous trompe pas, Snel-
lius est le premier qui en ait fait usage dans son
Eratosthenes Batavus. A ce problème, le C. Delambre en ajoute un autre, déja résolu ailleurs, mais
d'une manière moins simple que la sienne.

On trouve à la fin du volume quelques observations du C. Legendre, terminées par un beau théorème, qui sert à ramener à la solution d'un triangle
rectiligne, celle d'un triangle sphérique, dont deux
angles seroient très-aigus, et le troisième très-obtus,
les côtés étant d'ailleurs d'une longueur quelconque.
La science ne peut que gagner beaucoup, lorsque
des hommes tels que Delambre et Legendre s'occupent des mêmes objets, et discutent réciproquement
leurs travaux.

VAN-SWINDEN.

———

www.ingramcontent.com/pod-product-compliance
Lightning Source LLC
Chambersburg PA
CBHW050557210326
41521CB00008B/1010